建筑施工特种作业人员安全技术考核培训教材

附着升降脚手架架子工

住房和城乡建设部工程质量安全监管司　组织编写

中国建筑工业出版社

图书在版编目（CIP）数据

附着升降脚手架架子工/住房和城乡建设部工程质量
安全监管司组织编写. —北京：中国建筑工业出版社，
2011.12

建筑施工特种作业人员安全技术考核培训教材

ISBN 978-7-112-13846-3

Ⅰ.①附…　Ⅱ.①住…　Ⅲ.①附着式脚手架-技术培
训-教材　Ⅳ.①TU731.2

中国版本图书馆 CIP 数据核字（2011）第 253798 号

建筑施工特种作业人员安全技术考核培训教材

附着升降脚手架架子工

住房和城乡建设部工程质量安全监管司　组织编写

*

中国建筑工业出版社出版、发行（北京西郊百万庄）

各地新华书店、建筑书店经销

北京红光制版公司制版

北京建筑工业印刷厂印刷

*

开本：850×1168毫米　1/32　印张：9⅞　字数：265千字

2012年3月第一版　　2018年6月第三次印刷

定价：**26.00**元

ISBN 978-7-112-13846-3

(21886)

本书作为针对建筑施工特种作业人员之一附着升降脚手架架子工的培训教材，紧紧围绕《建筑施工特种作业人员管理规定》、《建筑施工特种作业人员安全技术考核大纲（试行）》、《建筑施工特种作业人员安全操作技能考核标准（试行)》等相关规定，对附着升降脚手架架子工必须掌握的安全技术知识和技能进行了讲解，全书共6章，包括：基础理论知识，起重吊装，建筑施工脚手架概述，附着升降脚手架构造，附着升降脚手架的安拆和升降，附着升降脚手架的使用与维护。本书针对附着升降脚手架架子工的特点，本着科学、实用、适用的原则，内容深入浅出，语言通俗易懂，形式图文并茂，系统性、权威性、可操作性强。

本书既可作为附着升降脚手架架子工的培训教材，也可作为附着升降脚手架架子工常备参考书和自学用书。

＊　　＊　　＊

责任编辑：刘　江　范业庶
责任设计：赵明霞
责任校对：刘梦然　关　健

《建筑施工特种作业人员安全技术考核培训教材》编写委员会

主　任：吴慧娟

副主任：王树平

编写组成员：（以姓氏笔画排序）

王　乔	王　岷	王　宪	王天祥	王曰浩
王英姿	王钟玉	王维佳	邓　谦	邓丽华
白森懋	包世洪	冯　桢	邢桂侠	朱万康
庄幼敏	刘　锦	汤坤林	毕承明	毕监航
孙文力	孙锦强	严　训	李　印	李光晨
李建国	李绘新	杨　勇	杨友根	吴玉峰
吴成华	邱志青	余大伟	邹积军	宋回波
汪洪星	张向军	张英明	张嘉洁	陈为亮
陈兆铭	邵长利	周克家	胡其勇	施仁华
施雯钰	姜玉东	贾国瑜	高　明	高士兴
高新武	唐涵义	崔　林	崔玲玉	程　舒
程史扬	魏延东			

前　　言

　　建筑施工特种作业人员是指在房屋建筑和市政工程施工活动中，从事可能对本人、他人及周围设备设施的安全造成重大危害作业的人员。《建设工程安全生产管理条例》第二十五条规定："垂直运输机械作业人员、安装拆卸工、爆破作业人员、起重信号工、登高架设作业人员等特种作业人员，必须按照国家有关规定经过专门的安全作业培训，并取得特种作业操作资格证书后，方可上岗作业"，《安全生产许可证条例》第六条规定："特种作业人员经有关业务主管部门考核合格，取得特种作业操作资格证书"。

　　当前，建筑施工特种作业人员的培训考核工作还缺乏一套具有权威性、针对性和实用性的教材。为此，根据住房和城乡建设部颁布的《建筑施工特种作业人员管理规定》和《建筑施工特种作业人员安全技术考核大纲（试行）》、《建筑施工特种作业人员安全操作技能考核标准（试行）》的有关要求，我们组织编写了《建筑施工特种作业人员安全技术考核培训教材》系列丛书，旨在进一步规范建筑施工特种作业人员安全技术培训考核工作，帮助广大建筑施工特种作业人员更好地理解和掌握建筑安全技术理论和实际操作安全技能，全面提高建筑施工特种作业人员的知识水平和实际操作能力。

　　本套丛书共12册，适用于建筑电工、建筑架子工、建筑起重司索信号工、建筑起重机械司机、建筑起重机械安装拆卸工和高处作业吊篮安装拆卸工等建筑施工特种作业人员安全技术考核培训。本套丛书针对建筑施工特种作业人员的特点，本着科学、

5

实用、适用的原则，内容深入浅出，语言通俗易懂，形式图文并茂，可操作性强。

本教材的编写得到了山东省建筑工程管理局、上海市城乡建设和交通委员会、山东省建筑施工安全监督站、青岛市建筑施工安全监督站、潍坊市建筑工程管理局、滨州市建筑工程管理局、济南市工程质量与安全生产监督站、山东省建筑安全与设备管理协会、上海市建设安全协会、山东建筑科学研究院、上海市建工设计研究院有限公司、上海市建设机械检测中心、威海建设集团股份有限公司、上海市建工（集团）总公司、上海市机施教育培训中心、潍坊昌大建设集团有限公司、山东天元建设集团有限公司、日照职业技术学院、山东国安工程技术有限公司等单位的大力支持，在此表示感谢。

由于编写时间较为紧张，难免存在错误和不足之处，希望给予批评指正。

住房和城乡建设部工程质量安全监管司
二〇〇九年十一月

目　　录

1 基础理论知识

1.1 力学基础知识

1.1.1 力的基本概念

(1) 力

力的概念是人们在长期的生产劳动和日常生活中逐步建立起来的。力是物体之间的相互机械作用，这种作用使物体的运动状态或形状发生改变。

力对物体作用的结果，一是使物体产生变形。例如，力作用在脚手架的绑扎钢丝上，能使钢丝拉直、压弯、伸长等，称为力的内效应。二是使物体的运动状态发生改变，称为力的外效应。例如，人工推小车，可以使小车由静止转变为运动，并使小车速度加快、变慢或转向等。

由实践可知，力对物体的作用效果取决于力的大小、方向和作用点。力的大小、方向和作用点也称为力的三要素。

为了方便研究力对物体的作用，对那些受力后变形很微小的物体或在工程上可以忽略该变形时，我们视之为不变形的"刚体"。对"刚体"而言，力的作用点在刚体上沿力的方向移动时，不会改变力对该刚体的作用效果（运动效果）。

研究"力"时，可以用一带箭头的线段将它画出来，如图

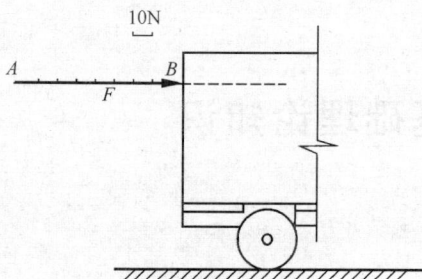

图 1-1 力的图示

1-1 所示。线段的长度 AB 表示力的大小，箭头表示力的方向，线段的终点 B 表示力的作用点。图中表示小车受到水平方向 F＝80N 大小的推力作用。

在国际计量单位制中，力的单位是牛顿或千牛顿，简写为牛（N）或千牛（kN）。工程上曾习惯采用公斤力（千克力）（kgf）和吨力（tf）来表示。它们之间的换算关系为：

1 牛顿（N）＝0.102 公斤力（kgf）

1 吨力（tf）＝1000 公斤力（kgf）

1 千克力（kgf）＝1 公斤力（kgf）＝9.807 牛（N）

工程上常粗略地按 1kgf≈10N 换算。

（2）力矩

试观察用扳手拧螺母的情形，如图 1-2 所示，力 F 使扳手连同螺母绕螺母中心 O 转动。

如图 1-3 所示，用钉锤拔钉子也具有类似的性质。

用乘积 Fd 加上正号或负号作为度量力 F 使物体绕 O 点转动效应的物理量，该物理量称为力 F 对 O 点之矩，简称力矩。O 点称为矩心，矩心 O 到力 F 作用线的垂直距离 d 称为力臂。

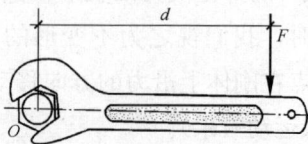

图 1-2 用扳手拧螺母

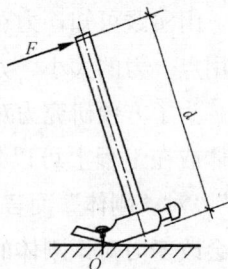

图 1-3 钉锤拔钉子

力 F 对 O 点之矩通常用符号 $m_0(F)$ 表示，见式（1-1）：

$$m_0(F) = \pm Fd \qquad (1-1)$$

由图 1-4 可见，力 F 对 O 点之矩的大小也可用以力 F 为底边，矩心 O 为顶点所构成的三角形 OAB 面积的两倍来表示，即 $m_0(F) = \pm 2S_{\triangle OAB}$。

由力矩的定义可知：

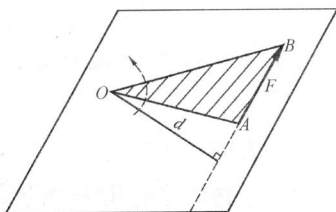

图 1-4　力对点之矩

1）当力的大小等于 0，或力的作用线通过矩心（力臂 $d=0$）时，力矩为 0。

2）力对某一点之矩不因力沿其作用线任意移动而改变。

（3）力偶和力偶矩

在实践中，我们有时可见到两个大小相等、方向相反、作用线平行的力作用于物体的情形。如图 1-5 所示，钳工用丝锥攻螺钉就是这样加力的。

力学中，将这种大小相等、方向相反、作用线平行的两个力组成的力系，称为力偶，用符号 (F, F') 表示。如图 1-6 所示，力偶中两力作用线间的垂直距离 d，称为力偶臂，力偶所在的平面称为力偶作用面。

在力学中，用力的大小 F 与力偶臂 d 的乘积 Fd 加上正号或

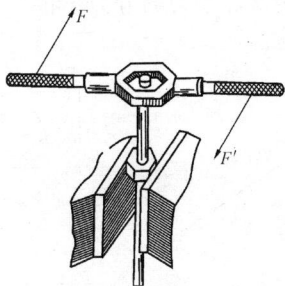

图 1-5　丝锥攻螺钉

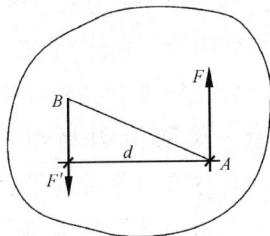

图 1-6　力偶

3

负号作为度量力偶对物体转动效应的物理量，该物理量称为力偶矩，并用符号 $m(F, F')$ 或 m 表示，即 $m(F, F')=m=\pm Fd$。

1.1.2 力的合成与分解

(1) 力的合成

当一个物体受到几个力的共同作用时，我们称这几个力为一个力系，如果能另外找到一个力，其作用效果与原来的几个力对物体的共同作用的效果相同，则这个力叫做该力系的合力。求解合力的过程，就是力的合成。

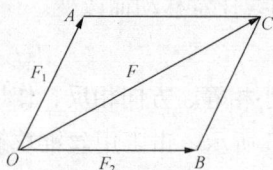

图 1-7　力的合成

力是矢量，力的合成与分解都遵从平行四边形法则，如图 1-7 所示。

平行四边形法则实质上是一种等效替换的方法。一个矢量（合矢量）的作用效果和另外几个矢量（分矢量）共同作用的效果相同，就可以用这一个矢量代替那几个矢量，也可以用那几个矢量代替这一个矢量，而不改变原来的作用效果。

(2) 力的分解

将一个力分成若干个力，而这若干个力对物体的作用效果与那个力的作用效果相同，这若干个力叫做那个力的分力。将一个力分解为若干个力的过程称为力的分解。

利用力三角形可以进行力的分解，如图1-8所示。重物沿斜板滑下，此时重力分解为平行于斜板面下滑的力 F 和垂直压向斜板面的正

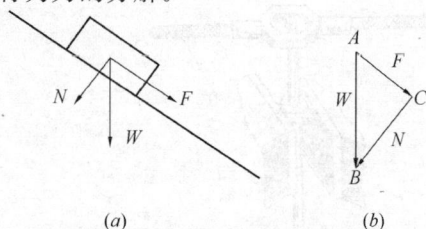

(a)　　　　　　(b)

图 1-8　力的分解（图解法）

压力 N。可用图解法计算力 F 和 N 的大小：按比例画出垂直向下的重力 W，然后分别过 W 的起点 A 和终点 B 作 AC 平行力 F，BC 平行力 N，两者相交于 C 点，则线段 AC 的长度即为力 F 的大小，线段 CB 的长度即为力 N 的大小。

1.1.3 力的平衡

物体在力系作用下，保持静止或匀速直线运动叫做平衡。如房屋、水坝、桥梁等相对于地球是静止的，是平衡的；匀速起吊的构件、匀速下降的电梯等，它们相对于地球作匀速直线运动，也是平衡的。

（1）二力平衡公理

作用在刚体上的两个力，使刚体处于平衡状态的必要和充分条件是：这两个力大小相等、方向相反、作用线相同，简称这两个力等值、反向、共线。

一个物体只受两个力作用而平衡时，这两个力一定要满足二力平衡公理。如图 1-9 所示，拉杆 AB 的两端分别受到大小相等的 F_A 和

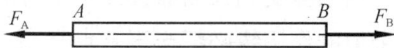

图 1-9 拉杆二力平衡

F_B 的作用；又如图 1-10 所示，在起重机上挂一重物，重物受到绳索拉力 T 和重力 W 的作用，这两个力方向相反、作用在同一铅垂线上。

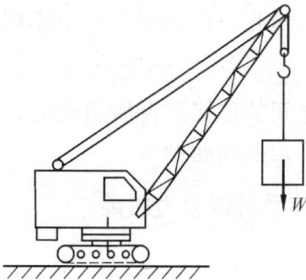

(a)   (b)

图 1-10 吊挂重物二力平衡

必须注意，对于变形体来说，二力平衡公

5

理是不成立的。两个力等值、反向、共线的条件只能是二力平衡的必要条件而不是充分条件。如图 1-11 (a) 所示，绳索的两端受到等值、反向、共线的两个拉力作用时处于平衡状态；但如图 1-11 (b) 所示，受到等值、反向、共线的两个压力作用时，就不能平衡了。

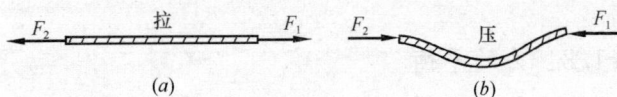

图 1-11　绳索受力

在两个力作用下并处于平衡状态的物体称为二力体，如果该物体是个杆件，也可称为二力杆。二力体（杆）上的两个力的作用线必为这两个力作用点的连线，如图 1-12 所示的杆件 AB。

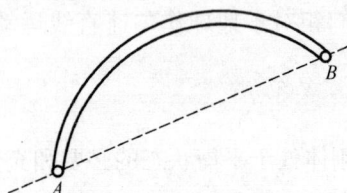

图 1-12　二力杆

（2）三力平衡汇交定理

当刚体受到共面而又互不平行的三个力作用而平衡时，则此三个力的作用线必汇交于一点。

1.1.4　结构几何稳定

结构是用来支承和传递荷载的，因此，它应能在荷载作用下保持自身的几何形状和位置。

平面杆件结构是由杆件和杆件之间的连接装置所组成的，但并不是杆系无论怎样组成都能作为工程结构使用。

由图 1-13 可以看出，平面杆件体系可以分为两类：

（1）几何可变体系

即使不考虑材料的应变，其几何形状和位置也是可改变的体系，称为几何可变体系，如图 1-13 (a) 所示。

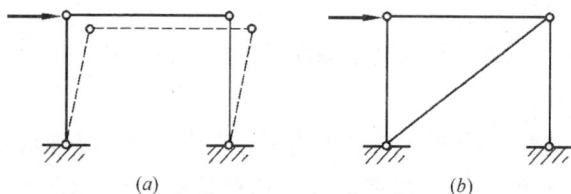

图 1-13　平面杆件体系

（2）几何不变体系

在不考虑材料应变的假定下，能保持几何形状和位置不变的体系，称为几何不变体系，如图 1-13（b）。

在进行几何体系组成分析时，不考虑材料的应变，体系中的某一杆件若已经判明是几何不变的部分，均可视为刚体。平面内的刚体又称为刚片。

1.1.5　杆件基本变形

（1）拉伸和压缩

直杆沿轴线受到两个大小相等、方向相反的外力作用时，杆件将受到轴向拉伸或轴向压缩。当外力背离杆件时，杆件受拉伸而变长，称为轴向拉伸，如图 1-14（a）所示；当外力指向杆件时，则使杆件产生缩短变形，称为轴向压缩，如图 1-14（b）所示。构件本身阻止这些变形发生时，会产生一种对抗力，称为内力，单位面积上的内力称为应力。建筑结构构件中，很多杆件是受轴向拉伸或轴向压缩的，如桁架中的杆件、房屋的柱子、脚手架的立杆及斜撑等。工程上对只承受轴向拉伸或压缩的杆件叫做拉压杆。在计算杆件内力、应力时，为了区分拉、压关系，规定杆件受拉伸时为正，受压缩时为负。

（2）剪切

当作用在杆上的两个大小相等、方向相反的横向力相距很近时，将引起杆件产生剪切变形，如图 1-14（c）所示。剪切变形的特点是：两力作用线间的截面发生相对错动。

（3）扭转

在一对大小相等、转动方向相反、作用面与杆轴垂直的力偶作用下，杆的任意两横截面发生相对转动，称为扭转，如图 1-14（d）所示。

（4）弯曲

建筑结构构件中的梁，是以弯曲变形为主的构件，包括支承楼板的主梁、次梁，支承楼梯的横梁、斜梁，阳台的挑梁及门窗过梁等。它们有一个共同的特点，即：外力垂直或斜倾作用于杆件轴线，在这种外力的作用下，梁的轴线将由直线变成曲线。这种变形即为"弯曲变形"，如图 1-14（e）所示。另外，杆件在纵向对称平面内受到力偶的作用时，也会产生弯曲变形，如厂房排架柱。

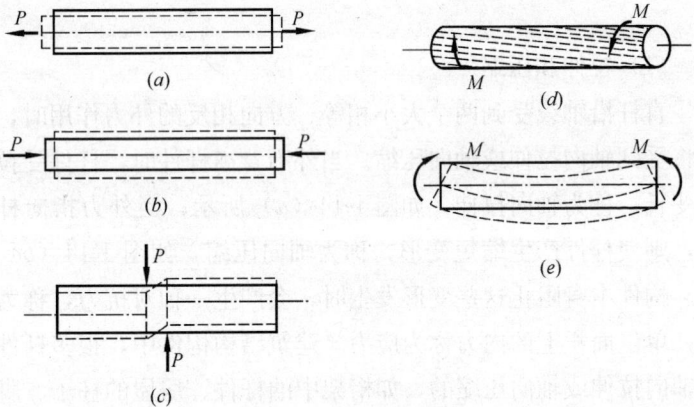

图 1-14　杆件基本变形

1.1.6　压杆稳定

在工程实践中，脚手架失稳倒塌事故发生的原因不是立杆强度不够，而是由于立杆不能维持原有直线形状的平衡状态所致，这种现象称为压杆丧失稳定，简称压杆失稳。

为了研究细长压杆的失稳过程，取一根 4m 长的脚手架钢管，在脚手架钢管端部施加一个逐渐增大的轴向压力 P，如图 1-15（a）所示。

当力 P 不大时，钢管保持直线平衡状态。

这时，如果给钢管加一横向干扰力 Q，钢管便发生微小的弯曲变形，当去掉干扰力后，钢管经过若干次摆动，仍恢复为原来的直线形状，如图 1-15（b）所示，钢管原来的直线形状的平衡状态称为稳定平衡。

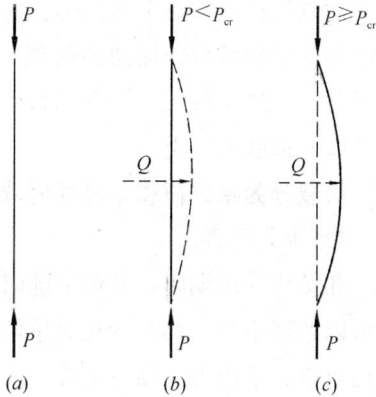

图 1-15　细长压杆的失稳过程

当压力 P 超过某一值时，钢管在横向干扰力 Q 下发生弯曲，当除去干扰力 Q 后，钢管就不能恢复到原来的直线形状，而在弯曲状态下保持新的平衡，如图 1-15（c）所示，此时钢管原来的直线形状的平衡状态称为不稳定平衡。

随着压力 P 的逐渐增大，钢管就会从稳定平衡状态过渡到不稳定平衡状态。钢管处于由稳定平衡过渡到不稳定平衡的临界状态时，作用于钢管上的压力称为临界力，以 P_{cr} 表示。

对于脚手架钢管，$P < P_{cr}$ 时处于稳定平衡，$P \geq P_{cr}$ 时处于不稳定平衡。

经研究发现，脚手架立杆在轴向压力的作用下突然破坏，是由于脚手架立杆丧失了保持直线形状的稳定性而造成的，这类破坏称丧失稳定或失稳。脚手架立杆失稳破坏比强度不足破坏时所能承受的压力要小得多。

1.1.7 建筑荷载

（1）荷载概念

荷载是指施加在工程结构上使结构或构件产生效应的力，常见的有：结构自重、楼面活荷载、屋面活荷载、屋面积灰荷载、车辆荷载、吊车荷载、设备动力荷载以及风、雪等自然荷载。

（2）荷载的分类

荷载分为永久荷载、可变荷载和偶然荷载。

1）永久荷载。

在结构使用期间，其值不随时间变化，或其变化与平均值相比可以忽略不计，或其变化是单调的并能趋于限值的荷载。例如结构自重、土压力、预应力等。

永久荷载不随时间变化，长期作用在结构上，在结构上的作用位置也不变。

2）可变荷载。

在结构使用期间，其值随时间变化，且变化与平均值相比不可以忽略不计的荷载。例如楼面活荷载、屋面活荷载和积灰荷载、吊车荷载、风荷载、雪荷载等。

可变荷载的大小随时间而变，作用位置可变，且像风荷载、吊车荷载等能引起结构振动，使结构产生加速度。

3）偶然荷载。

在结构使用期间不一定出现，一旦出现，其值很大且持续时间很短的荷载。例如爆炸力、撞击力等。

（3）荷载代表值

1）荷载标准值。

荷载标准值是荷载的基本代表值，指结构在使用期间可能出现的最大荷载值。

2）可变荷载组合值。

当结构同时承受两种或两种以上的可变荷载时，考虑到荷载同时达到最大值的可能性较小，因此除主导荷载（产生最大荷载效应的荷载）仍以其标准值为代表值外，对其他伴随荷载，可以将它们的标准值乘以一个小于或等于1的荷载组合系数作为代表值，称为可变荷载组合值。

3）可变荷载准永久值。

在设计基准期内，其超越的总时间约为设计基准值一半（可以理解为总持续时间不低于25年）的荷载值，也就是经常作用于结构上的可变荷载。

（4）风荷载

风荷载也称为风的动压力，是空气流动对工程结构所产生的作用，包括稳定风和脉动风两种作用，在工程结构上称为空气静力作用和空气动力作用。风荷载的大小与基本风压、风压高度变化系数、风荷载体型系数和风振系数有关。

基本风压是风荷载的基准压力，一般按当地空旷平坦地面上10m高度处10min平均的风速观测数据，经概率统计得出50年一遇最大值确定的风速，再考虑相应的空气密度确定的风压值。风速是随距地面高度的增加而增加的，故风压也是随离地面高度的增加而增加的。风速随高度的变化规律主要取决于地面的粗糙程度。

地面粗糙度是指风在到达结构物以前吹越过2km范围内的地面时，描述该地面上不规则障碍物分布状况的等级。

《建筑结构荷载规范》将地面粗糙度分为A、B、C、D四类。

A类指近海海面和海岛、海岸、湖岸及沙漠地区；

B类指田野、乡村、丛林、丘陵以及房屋比较稀疏的城市郊区；

C类指有密集建筑群的城市市区;

D类指有密集建筑群且房屋较高的城市市区。

风荷载体型系数是指风作用在建筑物表面上所引起的实际压力(或吸力)与来流风压的比值,它描述的是建筑物表面在稳定风压作用下的静态压力的分布规律,主要与建筑物的体型和尺度有关,也与周围环境和地面粗糙度有关。

1.1.8 脚手架受力分析

脚手架是由各受力杆件组成的结构单元(见图3-1)。横向水平杆(小横杆)、纵向水平杆(大横杆)和立杆等杆件组成了承载框架,剪刀撑和连墙件主要是保证脚手架的整体刚度和稳定性,增加抵抗垂直和水平力的能力。

钢管扣件式脚手架上荷载传递的途径:脚手板上的全部竖向荷载作用在纵横向水平杆上,并通过扣件传递到立杆上,最后由立杆传递给基础。水平风荷载则是通过连墙件传给建筑物。

(1)垫板与底座:主要是受压配件,将立杆传来的点荷载转变为面荷载,增加对地面的受力面积,提高基础的抵抗力。

(2)立杆:立杆是组成脚手架的主体构件,主要是承受压力,同时也是受弯杆件,是脚手架结构的支柱。

(3)扫地杆:扫地杆的主要作用是限制脚手架立杆在受偏心力矩的作用下底部发生位移,同时减少由于基础不均匀沉降而造成脚手架倾斜,主要承受拉力和压力。

(4)纵向水平杆:纵向水平杆是组成脚手架的主体构件,是受弯、受拉杆件,一是承受脚手板传来的荷载,二是约束立杆长细比。

(5)横向水平杆:横向水平杆是组成脚手架的主体构件,是受弯杆件,同时也承受脚手板传来的荷载,是脚手架受力和传力的主体。

（6）剪刀撑：剪刀撑是限制脚手架框架变形的构件，主要承受拉力和压力，通过旋转扣件的抗滑力来传递力。

（7）连墙件：连墙件是将脚手架承受的风荷载和其他水平荷载有效传递到主体结构上的构件，并且能够有效限制脚手架竖向变形。在承受拉力、压力的同时又要承受拉结点自身的扭力。

（8）防护栏杆：主要是受弯和受拉杆件，设置在外立杆内侧，通过与立杆连接的扣件将所承受的水平力传到脚手架立杆上。

1.2 电工学基础知识

1.2.1 基本概念

（1）电流

在电路中，电荷有规则的运动称为电流。在电路中，能量的传输靠的是电流。

电流不但有方向，而且有大小；大小和方向不随时间变化的电流，称为直流电，用字母"DC"或"—"表示。大小和方向随时间变化的电流，称为交流电，用字母"AC"或"～"表示。

在日常工作中，用试电笔测量交流电时，试电笔氖管通身发亮，且亮度明亮；测直流电时，试电笔氖管一端发亮，且亮度较暗。

电流的大小称为电流强度，简称电流。电流强度的定义公式，见式（1-2）。

$$I = \frac{Q}{t} \qquad (1-2)$$

式中　I ——电流强度，A；

　　Q ——通过导体某截面的电荷量，C；

　　t ——电荷通过时间，s。

电流（即电流强度）的基本单位是安培，简称安，用字母 A 表示，电流常用的单位还有 kA、mA、μA，换算关系为

$1kA=10^3A$；

$1mA=10^{-3}A$；

$1\mu A=10^{-6}A$。

测量电流强度的仪表叫做电流表，又称为安培表，分直流电流表和交流电流表两类。测量时必须将电流表串联在被测的电路中。每一个安培表都有一定的测量范围，所以在使用安培表时，应该先估算一下电流的大小，选择量程合适的电流表。

（2）电压

电路中要有电流，必须要有电位差，有了电位差，电流才能从电路中的高电位点流向低电位点。电压是指电路中（或电场中）任意两点之间的电位差。

电压的基本单位是伏特，简称伏，用字母 V 表示，常用的单位还有千伏（kV）、毫伏（mV）等，换算关系为

$1kV=10^3V$；

$1mV=10^{-3}V$。

测量电压大小的仪表叫做电压表，又称为伏特表，分直流电压表和交流电压表两类。测量时，必须将电压表并联在被测量电路中，每个伏特表都有一定的测量范围（即量程）。使用时，必须注意所测的电压不得超过伏特表的量程。

电压按等级划分为高压、低压与安全电压。

高压：指电气设备对地电压在 250V 以上；

低压：指电气设备对地电压为 250V 以下；

安全电压有五个等级：42V、36V、24V、12V、6V。

注：为防止触电事故而采用的由特定电源供电的电压系列。这个电压系列的上限值，在任何情况下，两导体间或任一导体与地之间均不得超过交流（频率 50~500Hz）有效值 50V，此电压称为安全电压。

（3）电阻

导体对电流的阻碍作用称为电阻。导体电阻是导体中客观存在的，在温度不变时，导体的电阻和导体的长度成正比，和导体的横截面积成反比。

通常用 R 来表示导体的电阻，L 表示导体的长度，S 表示导体的横截面积。

上述关系见式（1-3）：

$$R = \rho \cdot \frac{L}{S} \tag{1-3}$$

式中　　ρ——导体的电阻率是由导体的材料决定的，而且与导体的温度有关。

电阻率的常用单位是欧姆·平方毫米/米。

电阻的常用单位有欧（Ω）、千欧（kΩ）、兆欧（MΩ）。

换算关系是：

$1k\Omega = 10^3 \Omega$；

$1M\Omega = 10^3 k\Omega = 10^6 \Omega$。

（4）电路

1）电路的组成

电路就是电流流通的路径，如日常生活中的照明电路、电动机电路等。电路一般由电源、负载、导线和控制器件四个基本部分组成，如图 1-16 所示。

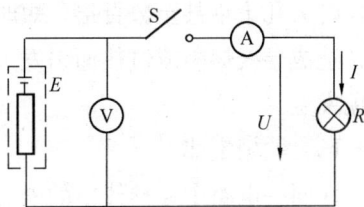

图 1-16　电路示意图

①电源：将其他形式的能量转换为电能的装置，在电路中，电源产生电能，并维持电路中的电流。

②负载：将电能转换为其他形式能量的装置。

③导线：连接电源和负载的导体，为电流提供通道并传输电能。

④控制器件：在电路中起接通、断开、保护、测量等作用的装置。

2）电路的类别

按照负载的连接方式，电路可分为串联电路和并联电路。电路中电流依次通过每一个组成元件的电路称为串联电路；所有负载（电源）的输入端和输出端分别被连接在一起的电路，称为并联电路。

按照电流的性质，分为交流电路和直流电路。电压和电流的大小及方向随时间变化的电路，叫做交流电路；电压和电流的大小及方向不随时间变化的电路，叫做直流电路。

3）电路的状态

①通路：当电路的开关闭合，负载中有电流通过时称为通路，电路正常工作状态为通路。

②开路：即断路，指电路中开关打开或电路中某处断开时的状态，开路时电路中无电流通过。

③短路：电源两端的导线因某种事故未经过负载而直接连通时称为短路。短路时负载中无电流通过，流过导线的电流比正常工作时大几十倍甚至数百倍，短时间内就会使导线产生大量的热量，造成导线熔断或过热而引发火灾，短路是一种事故状态，应避免发生。

（5）欧姆定律

在同一电路中，导体中的电流跟导体两端的电压成正比，跟导体的电阻成反比，这就是欧姆定律，其表达式见式（1-4）：

$$I = \frac{U}{R} \qquad (1\text{-}4)$$

（6）电功率

在导体的两端加上电压，导体内就产生了电流。电场力推动自由电子定向移动所做的功，通常称为电流所做的功或称为电功（W）。

电流在一段电路所做的功，与这段电路两端的电压 U、电路中的电流强度 I 和通电时间 t 成正比，关系式见式（1-5）：

$$W = U \cdot I \cdot t \qquad (1\text{-}5)$$

在式中，如果 U、I、t 的单位分别是伏特（V）、安培（A）、秒（s），则功的单位为焦耳（J）。

电流做功的过程实际上是电能转化为其他形式能的过程。例如，电流通过电炉做功，电能转化为热能；电流通过电动机做功，电能转化为机械能。

单位时间内电流所做的功叫做电功率，简称功率，用字母 P 表示，其单位为焦耳/秒（J/s），即：瓦特，简称瓦（W）。功率的计算公式见式（1-6）：

$$P = \frac{W}{t} = U \cdot I = I^2 \cdot R = \frac{U^2}{R} \qquad (1\text{-}6)$$

常用的电功率单位还有 kW、MW 和马力 HP，换算关系为：$1\text{kW} = 10^3 \text{W}$；$1\text{MW} = 10^6 \text{W}$；$1\text{HP} = 736\text{W}$。

（7）电能

电路的主要任务是进行电能的传送、分配和转换。

电能是指一段时间内电场所做的功，关系式见式（1-7）：

$$W = P \cdot t \qquad (1\text{-}7)$$

电能的单位是千瓦·小时（kW·h），简称度。1 度＝1kW·h。

测量电功的仪表是电能表，又称为电度表，它可以计量用电设备或电器在某一段时间内所消耗的电能。测量电功率的仪表是功率表，它可以测量用电设备或电气设备在某一工作瞬间的电功率大小。功率表又可以分为有功功率表（kW）和无功功率表（kVar）。

(8) 交流电

所谓交流电是指大小和方向都随时间作用周期性变化的电动势、电压或电流，平时用的交流电是随时间按正弦规律变化的，所以叫做正弦交流电，简称交流电，用"AC"或"～"表示。

我国工业上普遍采用频率为 50Hz 的正弦交流电，在日常生活中，人们接触较多的是单相交流电，而实际工作中，人们接触更多的是三相交流电。三个具有相同频率、相同振幅，但在相位上彼此相差 120° 的正弦交流电压、电流或电动势，统称为三相交流电。

三相交流电习惯上称为 A/B/C 三相，按国标 GB4026 规定，交流供电系统的电源 A、B、C 分别用 L_1、L_2、L_3 表示，其相线的颜色分别以黄色、绿色和红色表示。交流供电系统中电气设备按接线端子的 A 相、B 相、C 相则分别用 U、V、W 表示，如三相电动机三相绕组的首端和尾端分别为 U_1 和 U_2、V_1 和 V_2、W_1 和 W_2。

1.2.2 交流电动机

(1) 交流电动机的分类

交流电动机分为异步电动机和同步电动机。异步电动机又可分为单相电动机和三相电动机。单相异步电动机主要用于电扇、洗衣机、电冰箱、空调、排风扇、木工机械及小型电钻等。施工现场使用的施工升降机、塔式起重机的行走、变幅、起升、回转机构都采用三相异步电动机。

(2) 三相异步电动机的结构

三相异步电动机也叫做三相感应电动机，主要由定子和转子两个基本部分组成。转子又可分为鼠笼式和绕线式两种。

1）定子

定子主要由定子铁芯、定子绕组、机座和端盖等组成。

①定子铁芯

定子铁芯是异步电动机主磁通磁路的一部分，通常由导磁性能较好的 0.35～0.5mm 厚的硅钢片叠压而成。对于容量较大（10kW 以上）的电动机，在硅钢片两面涂以绝缘漆，作为片间绝缘之用。

②定子绕组

定子绕组是异步电动机的电路部分，由三相对称绕组按一定的空间角度依次嵌放在定子线槽内，其绕组有单层和双层两种基本形式，如图 1-17 所示。

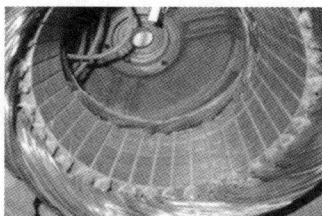

图 1-17 三相电机的定子绕组

③机座

机座的作用主要是固定定子铁芯并支撑端盖和转子，中小型异步电动机一般都采用铸铁机座。

2）转子

转子部分由转子铁芯、转子绕组及转轴组成

①转子铁芯，也是电动机主磁通磁路的一部分，一般也由 0.35～0.5mm 厚的硅钢片叠成，并固定在转轴上。转子铁芯外圆侧均匀分布着线槽，用以浇铸或嵌放转子绕组。

②转子绕组，按其形式分为鼠笼式和绕线式两种。

小容量鼠笼式电动机一般采用在转子铁芯槽内浇铸铝笼条，两端的端环将笼条短接起来，并浇铸成冷却风扇叶状。如图1-18所示，为鼠笼式电机的转子。

绕线式电动机是在转子铁芯线槽内嵌放对称三相绕组，如图

1-19 所示。三相绕组的一端接成星形，另一端接在固定转轴上的滑环（集电环）上，通过电刷与变阻器连接。如图 1-20 所示，为三相绕线式电机的滑环结构。

图 1-18　鼠笼式电动机的转子

图 1-19　绕线式电动机的转子绕组

图 1-20　三相绕线式电动机的滑环结构

③转轴，其主要作用是支撑转子和传递转矩。

（3）三相异步电动机的铭牌

电动机出厂时，在机座上都有一块铭牌，上面标有该电动机的型号、规格和有关数据。

1）铭牌的标识

电机产品型号举例：Y-132S_2-2

Y——表示异步电动机；

132——表示机座号，数据为轴心对底座平面的中心高（mm）；

S——表示短机座（S：短，M：中，L：长）；

$_2$——表示铁芯长度号；

2——表示电动机的极数。

2）技术参数

①额定功率：电动机的额定功率也称为额定容量，表示电动

机在额定工作状态下运行时，轴上能输出的机械功率，单位为
W 或 kW。

②额定电压：是指电动机额定运行时，外加于定子绕组上的
线电压，单位为 V 或 kV。

③额定电流：是指电动机在额定电压和额定输出功率时，定
子绕组的线电流，单位为 A。

④额定频率：额定频率是指电动机在额定运行时电源的频
率，单位为 Hz。

⑤额定转速：额定转速是指电动机在额定运行时的转速，单
位为 r/min。

⑥接线方法：表示电动机在额定电压下运行时，三相定子绕
组的接线方式。目前电动机铭牌上给出的接法有两种，一种是额
定电压为 380V/220V，接法为 Y/△；另一种是额定电压 380V，
接法为 △。

⑦绝缘等级：电动机的绝缘等级，是指绕组所采用的绝缘材
料的耐热等级，它表明电动机所允许的最高工作温度，见表
1-1。

绝缘等级及允许最高工作温度　　　　　表 1 1

绝缘等级	Y	A	E	B	F	H	C
最高工作温度（℃）	90	105	120	130	155	180	＞180

（4）三相异步电动机的运行与维护

1）电动机启动前检查

①电动机上和附近有无杂物和人员；

②电动机所拖动的机械设备是否完好；

③大型电动机轴承和启动装置中油位是否正常；

④绕线式电动机的电刷与滑环接触是否紧密；

⑤转动电动机转子或其所拖动的机械设备，检查电动机和拖

动的设备转动是否正常。

2）电动机运行中的监视与维护

①电动机的温升及发热情况；

②电动机的运行负荷电流值；

③电源电压的变化；

④三相电压和三相电流的不平衡度；

⑤电动机的振动情况；

⑥电动机运行的声音和气味；

⑦电动机的周围环境、适用条件；

⑧电刷是否冒火或其他异常现象。

1.2.3　低压电器

低压电器在供配电系统中广泛用于电路、电动机、变压器等电气装置上，起着开关、保护、调节和控制的作用，按其功能分有开关电器、控制电器、保护电器、调节电器、主令电器、成套电器等，现主要介绍常用的几种低压电器。

（1）主令电器

主令电器是一种能向外发送指令的电器，主要有按钮、行程开关、万能转换开关、接近开关等。利用它们可以实现人对控制电器的操作或实现控制电路的顺序控制。

1）控制按钮

按钮是一种靠外力操作接通或断开电路的电气元件，一般不能直接用来控制电气设备，只能发出指令，但可以实现远距离操作。一般按钮的结构如图 1-21 所示。

2）行程开关

行程开关又称为限位开关或终点开关，它不用人工操作，而是利用机械设备某些部件的碰撞来完成的，以控制自身的运动方向或行程大小的主令电器。行程开关是一种将机械信号转换为电信号来控制运动部件行程的开关元件，被广泛用于顺序控制器、运动方向、行程、零位、限位、安全及自动停止、自动往复等控制系统中。如图 1-22 所示为几种常见的行程开关。

图 1-21　常用按钮开关

图 1-22　常用行程开关

　3）万能转换开关

　　万能转换开关是一种多对触头、多个档位的转换开关。主要由操作手柄、转轴、动触头及带号码牌的触头盒等构成。常用的转换开关有 LW2、LW4、LW5-15D、LW15-10、LWX2 等。LW5 型转换开关，如图 1-23 所示。

　4）主令控制器

　　主令控制器（又称主令开关）主要用于电气传动装置中，按一定顺序分合触头，达到发布命令或其他控制线路联锁转换的目的。图 1-24 所示为某型号塔式起重机中的联动控制台就属于主

图 1-23　万能转换开关

图 1-24　联动控制台

23

令控制器，用来操作塔式起重机的回转、变幅、卷扬的动作。

（2）空气断路器

低压空气断路器又称为自动空气开关或空气开关，属开关电器，是用于当电路中发生过载、短路和欠压等不正常情况时，能自动分断电路的电器，也可用作不频繁地启动电动机或接通、分断电路，有万能式断路器、塑壳式断路器、微型断路器、漏电断路器等。图 1-25 所示为几种常用的断路器。

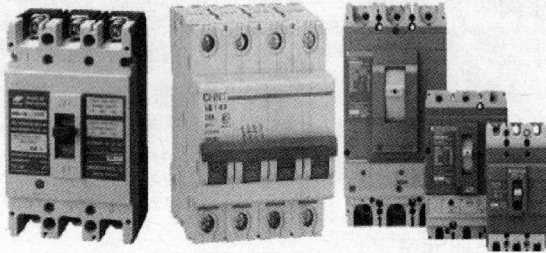

图 1-25　常用断路器

（3）漏电保护器

漏电保护器是漏电电流动作保护的简称，它是空气断路器的一个重要分支，主要用于保护人身因漏电发生电击伤害及防止因电气设备或线路漏电引起电气火灾事故。漏电保护器的动作电流值主要有 6mA、10mA、30mA、100mA、300mA、500mA、1A等。安装在负荷端电器电路的漏电保护器，是考虑到漏电电流通过人体的影响，用于防止人为触电的漏电保护器，其动作电流不得大于 30mA，动作时间不得大于 0.1s。应用于潮湿场所的电器设备，应选用额定漏电动作电流不应大于 15mA，额定漏电动作时间不应大于 0.1s 的漏电保护器。

漏电保护器按结构和功能分为漏电开关、漏电断路器、漏电继电器、漏电保护插头、漏电保护插座。漏电保护器按极数还可分为单极、二极、三极、四极等多种。

（4）接触器

接触器用途广泛，是电力拖动和控制系统中应用最为广泛的一种电器，它可以频繁操作，远距离接触、断开主电路和大容量控制电路，接触器可分为交流接触器和直流接触器两大类。

接触器主要由电磁系统、触头系统、灭弧装置等几部分组成。交流接触器的交流线圈的额定电压有 380V、220V、48V 等多种，图 1-26 所示是常用的接触器。

图 1-26　常用接触器

（5）继电器

继电器是一种自动控制电器，在一定的输入参数下，它受输入端的影响而使输出参数有跳跃式的变化。常用的有中间继电器、热继电器、时间继电器、温度继电器等。图 1-27 所示为几种常用的继电器。

图 1-27　常用继电器

1.3 机械基础知识

1.3.1 机械的概念

（1）机器

一般机器基本上都是由原动部分、工作部分和传动部分组成。原动部分是机器动力的来源。常用的原动机有电动机、内燃机、空气压缩机等。工作部分是完成机器预定的动作，处于整个传动的终端，其结构形式主要取决于机器工作本身的用途。机器一般有以下三个共同的特征：

1）机器是由许多的部件组合而成的。

2）机器中的构件之间具有确定的相对运动。

3）机器能完成有用的机械功或者实现能量转换。例如，运输机能改变物体的空间位置；发电机能把机械能转换成电能等。

（2）机构

机构与机器有所不同，机构具有机器的前两个特征，而没有最后一个特征。通常把这些具有确定相对运动构件的组合称为机构。所以，机构和机器的区别是机构的主要功用在于传递或转变运动的形式，而机器的主要功用是为了利用机械能做功或能量转换。

由上述可知，机械是机构和机器的总称。

（3）运动副

使两物体直接接触而又能产生一定相对运动的连接，称为运动副，如图 1-28 所示。根据运动副中两构件接触形式不同，运动副可分为低副和高副。

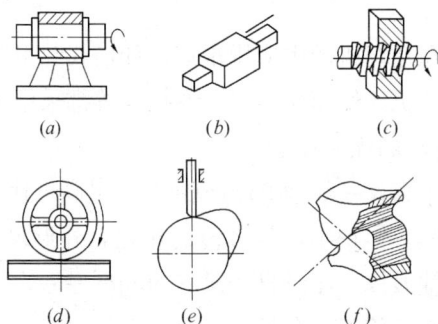

图 1-28 运动副

（a）转动副；（b）移动副；（c）螺旋副；（d）、（e）、（f）高副

1）低副：低副是指两构件之间作面接触的运动副。按两构件的相对运动情况，可分为：

①转动副：两构件在接触处只允许作相对转动，如图 1-28（a）所示。

②移动副：两构件在接触处只允许作相对移动，如图 1-28（b）所示。

③螺旋副：两构件在接触处只允许作一定关系的转动和移动的复合运动。如由丝杠与螺母组成的运动副，如图 1-28（c）所示。

2）高副：高副是两构件之间作点或线接触的运动副。如图 1-28（d）、（e）、（f）所示的滚轮与轨道、凸轮与推杆及轮齿与轮齿之间的接触均为常用高副。

1.3.2 机械传动

机械传动一般可分为摩擦传动、啮合传动等形式。其中，摩擦传动又可分为摩擦轮传动和带传动两基本形式；啮合传动又可分为齿轮传动、蜗杆传动、螺旋传动和链传动等形式。

（1）齿轮传动

齿轮传动在建筑机械中应用很广，如塔式起重机、施工升降机、混凝土搅拌机、钢筋切断机、卷扬机等都采用齿轮传动。

1）齿轮传动的优缺点

①传动效率高，一般为95％～98％，最高可达99％；

②结构紧凑、体积小，与带传动相比，外形尺寸大大减小，它的小齿轮与轴做成一体时直径只有50mm左右；

③工作可靠，使用寿命长；

④传动比固定不变，传递运动准确可靠；

⑤能实现平行轴间、相交轴间及空间相错轴间的多种传动；

⑥制造齿轮需要专门的机床、刀具和量具，工艺要求较严，对制造的精度要求高，因此成本较高；

⑦齿轮传动一般不宜承受剧烈的冲击和过载；

⑧不宜用于中心距较大的场合。

2）齿轮传动的分类

齿轮传动种类很多，可以按不同的方法进行分类：

①按两齿轮轴线的相对位置，可分为两轴平行、两轴相交和两轴交错三类，见表1-2。

其中齿轮齿条传动在施工升降机中得到广泛应用。

常用齿轮传动的分类　　　　　　　　　　表 1-2

啮合类别		图　例	说　明
两轴平行	外啮合直齿圆柱齿轮传动		1. 轮齿与齿轮轴线平行； 2. 传动时，两轴回转方向相反； 3. 制造最简单； 4. 速度较高时容易引起动载荷与噪声； 5. 对标准直齿圆柱齿轮传动，一般采用的圆周速度为2～3m/s

啮合类别	图　例	说　明
两轴平行	外啮合斜齿圆柱齿轮传动	1. 轮齿与齿轮轴线倾斜成某一角度； 2. 相啮合的两齿轮的齿轮倾斜方向相反，倾斜角大小相同； 3. 传动平稳，噪声小； 4. 工作中会产生轴向力，轮齿倾斜角越大，轴向力越大； 5. 适用于圆周速度较高（$v>2\sim3\text{m/s}$）的场合
	人字齿轮传动	1. 轮齿左右倾斜、方向相反，呈"人"字形，可以消除斜齿轮单向倾斜而产生的轴向力； 2. 制造成本高
	内啮合圆柱齿轮传动	1. 它是外啮轮传动的演变形式，大轮的齿分布在圆柱体内表面，成为内齿轮； 2. 大小齿轮的回转方向相同； 3. 轮齿可制成直齿，也可制成斜齿。当制成斜齿时，两轮轮齿倾斜方向相同，倾斜角大小相等
	齿轮齿条传动	1. 这种传动相当于大齿轮直径为无穷大的外啮合圆柱齿轮传动； 2. 齿轮作旋转运动，齿条作直线运动； 3. 轮齿一般是直齿，也有制成斜齿的

啮合类别		图 例	说 明
两轴相交	直齿锥齿轮传动		1. 轮齿排列在圆锥体表面上，其方向与圆锥的母线一致； 2. 一般用在两轴线相交成90°，圆周速度小于2m/s的场合
	曲齿锥齿轮传动		1. 轮齿是弯曲的，同时啮合的齿数比直齿圆锥齿轮多，啮合过程不易产生冲击，传动较平稳，承载能力较高，在高速和大功率的传动中广泛应用； 2. 设计加工比较困难，需要专用机床加工，轴向推力较大
两轴交错	螺旋齿轮传动		1. 单个齿轮为斜齿圆柱齿轮。当交错轴间夹角为0°时，即成为外啮合斜齿圆柱齿轮传动； 2. 相应地改变两个斜齿轮的螺旋角，即可组成轴间夹角为任意值（0°～90°）的螺旋齿轮传动； 3. 螺旋齿轮传动承载能力较小，且磨损较严重

②按润滑方式不同，可分为开式、半开式和闭式三种：

a. 开式齿轮传动的齿轮外露，容易受到尘土侵袭，润滑不良，轮齿容易磨损，多用于低速传动和要求不高的场合；

b. 半开式齿轮传动装有简易防护罩，有时还浸入油池中，这样可较好地防止灰尘侵入。由于磨损仍比较严重，所以一般只用于低速传动的场合；

c. 闭式齿轮传动是将齿轮安装在刚性良好的密闭壳体内，

并将齿轮浸入一定深度的润滑油中，以保证有良好的工作条件，适用于中速及高速传动的场合。

3）齿轮各部分名称和符号（图1-29）。

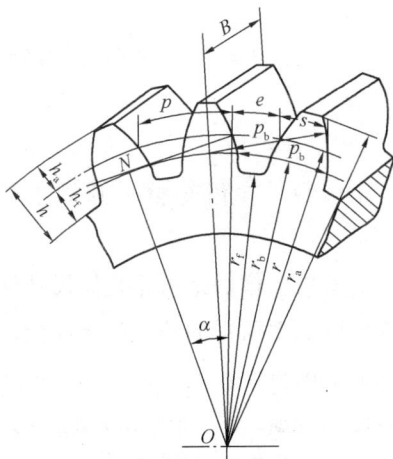

①齿槽：齿轮上相邻两轮齿之间的空间；

②齿顶圆：通过轮齿顶端所作的圆称为齿顶圆，其直径用 d_a 表示，半径用 r_a 表示；

图 1-29 齿轮各部分名称和符号

③齿根圆：通过齿槽底所作的圆称为齿根圆，其直径用 d_f 表示，半径用 r_f 表示；

④齿厚：一个齿的两侧端面齿廓之间的弧长称为齿厚，用 s 表示；

⑤齿槽宽：一个齿槽的两侧齿廓之间的弧长称为齿槽宽，用 e 表示；

⑥分度圆：齿轮上具有标准模数和标准压力角的圆称为分度圆，其直径用 d 表示，半径用 r 表示；对于标准齿轮，分度圆上的齿厚和槽宽相等；

⑦齿距：相邻两齿上同侧齿廓之间的弧长称为齿距，用 p 表示，即 $p = s + e$；

⑧齿高：齿顶圆与齿根圆之间的径向距离称为齿高，用 h 表示；

⑨齿顶高：齿顶圆与分度圆之间的径向距离称为齿顶高，用 h_a 表示；

⑩齿根高：齿根圆与分度圆之间的径向距离称为齿根高，用

h_f 表示；

⑪齿宽：齿轮的有齿部位沿齿轮轴线方向量得的齿轮宽度，用 B 表示。

4）主要参数

①齿数：在齿轮整个圆周上轮齿的总数称为齿数，用 z 表示；

②模数：模数是齿轮几何尺寸计算中最基本的一个参数。齿距除以圆周率所得的商，称为模数，由于 π 为无理数，为了计算和制造上的方便，人为地把 p/π 规定为有理数，用 m 表示，模数单位为 mm，即：$m=p/\pi=d/Z$。

模数直接影响齿轮的大小、轮齿齿形和强度的大小。对于相同齿数的齿轮，模数越大，齿轮的几何尺寸越大，轮齿也大，因此承载能力也越大。

③分度圆压力角：通常说的压力角指分度圆上的压力角，简称压力角，用 α 表示。国家标准中规定，分度圆上的压力角为标准值，$\alpha=20°$。

齿廓形状是由齿数、模数、压力角三个因素决定的。

5）直齿圆柱齿轮传动

①啮合条件。两齿轮的模数和压力角分别相等。

②中心距。一对标准直齿圆柱齿轮传动，由于分度圆上的齿厚与齿槽宽相等，所以两齿轮的分度圆相切，且作纯滚动，此时两分度圆与其相应的节圆重合，则标准中心距见式（1-8）：

$$a = r_1 + r_2 = \frac{m(Z_1 + Z_2)}{2} \tag{1-8}$$

式中　a——标准中心距；

　　r_1、r_2——齿轮的半径；

　　　m——齿轮的模数；

　　Z_1、Z_2——齿轮的齿数。

6）齿轮传动的失效形式

齿轮传动由于某种原因不能正常工作时，称为失效。常见的齿轮传动失效形式为齿面损坏和齿根折断两类。其中齿面损坏主要有以下三种形式：齿面磨损、齿面点蚀和齿面胶合。施工升降机的齿轮齿条传动由于润滑条件差，灰尘脏物等研磨性微粒易落在齿面上，轮齿磨损快，且齿根产生的弯曲应力大。因此，齿面磨损和齿根折断是施工升降机齿轮齿条传动的主要失效形式。

（2）蜗杆传动

蜗杆传动是一种常用的大传动比机械传动，广泛应用于机床、仪器、起重运输机械及建筑机械中。

如图 1-30 所示，蜗杆传动由蜗杆和蜗轮组成，传递两交错轴之间的运动和动力，一般以蜗杆为主动件，蜗轮为从动件。通常，工程中所用的蜗杆是阿基米德蜗杆，它的外形很

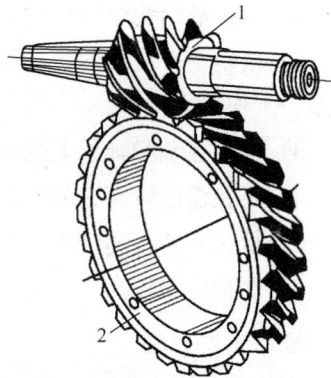

图 1-30　蜗杆蜗轮传动
1—蜗杆；2—蜗轮

像一根具有梯形螺纹的螺杆，其轴向截面类似于直线齿廓的齿条。蜗杆有左旋、右旋之分，一般为右旋。

蜗杆传动的主要特点是工作平稳、噪声小，蜗杆螺旋角小时可具有自锁作用，但传动效率低、价格比较昂贵。

（3）链传动

链传动是由主动链轮、链条和从动链轮组成，如图 1-31 所示。链轮具有特定的齿形，链条套装在主动链轮和从动链轮上。工作时，通过链条的链节与链轮轮齿的啮合来传递运动和动力。链传动具有下列特点：

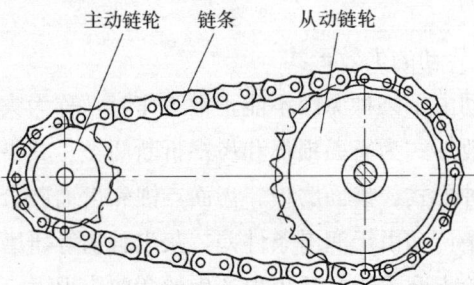

图 1-31 链传动

1）链传动结构较带传动紧凑，过载能力大；

2）链传动有准确的平均传动比，无滑动现象，但传动平稳性差，工作时有噪声；

3）作用在轴和轴承上的载荷较小；

4）可在温度较高、灰尘较多、湿度较大的不良环境下工作；

5）低速时能传递较大的载荷；

6）制造成本较高。

（4）带传动

带传动是由主动轮、从动轮和传动带组成，靠带与带轮之间的摩擦力来传递运动和动力。如图 1-32 所示。

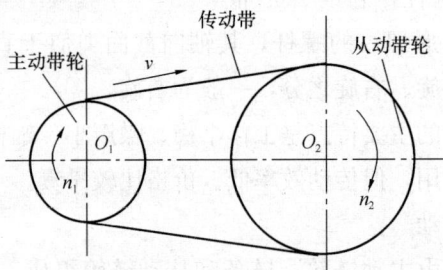

图 1-32 带传动

1）带传动的特点

与其他传动形式比较，带传动具有以下特点：

①由于传动带具有良好的弹性，所以能缓和冲击、吸收振动，传动平稳，无噪声。但因带传动存在滑动现象，所以不能保证恒定的传动比。

②传动带与带轮是通过摩擦力传递运动和动力的。因此过载时，传动带在轮缘上会打滑，从而可以避免其他零件的损坏，起到安全保护的作用。但传动效率较低，带的使用寿命短；轴、轴承承受的压力较大。

③适宜用在两轴中心距较大的场合，但外廓尺寸较大。

④结构简单，制造、安装、维护方便，成本低。但不适用于高温、有易燃易爆物质的场合。

2）带传动的类型

带传动可分为平型带传动、V型带传动和同步齿形带传动等，如图1-33所示。

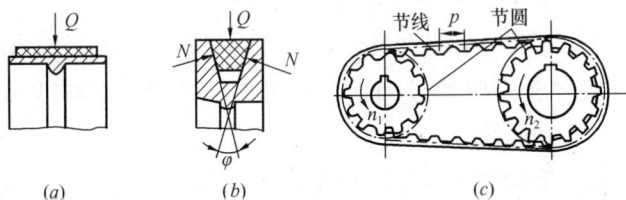

图 1-33　带传动的类型

(a) 平型带传动；(b) V型带传动；(c) 同步带传动

①平型带传动。

平型带的横截面为矩形，已标准化。常用的有橡胶帆布带、皮革带、棉布带和化纤带等。

平型带传动主要用于两带轮轴线平行的传动，其中有开口式传动和交叉式传动等，如图1-34所示。开口式传动，两带轮转向相同，应用较多；交叉式传动，两带轮转向相反，传动带容易磨损。

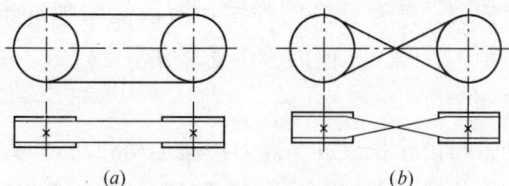

图 1-34　平型带传动

(a) 开口式传动；(b) 交叉式传动

②V 型带传动。

V 型带传动又称为三角带传动，较之平带传动的优点是传动带与带轮之间的摩擦力较大，不易打滑；在电动机额定功率允许的情况下，要增加传递功率只要增加传动带的根数即可。V 型带传动常用的有普通 V 型带传动和窄 V 型带传动两类，常用普通 V 型带传动。

对 V 型带轮的基本要求是：重量轻，质量分布均匀，有足够的强度，安装时对中性良好，无铸造与焊接所引起的内应力。带轮的工作表面应经过加工，使之表面光滑，以减少胶带的磨损。

带轮常用铸铁、钢、铝合金或工程塑料等制成。带轮由轮缘、轮毂、轮辐三部分组成，如图 1-35 所示。轮缘上有带槽，它是与 V 型带直接接触的部分，槽数与槽的尺寸应与所选 V 型带的根数和型号相对应。轮毂是带轮与轴配合的部分，轮毂孔内一般有键槽，以便用键将带轮和轴连接在一起。轮辐是连接轮缘与轮毂的部分，其形式根据带轮直径大小选择。当带轮直径很小时，只能做成实心式，如图 1-35 (a) 所示；中等直径的带轮做成腹板式，如图 1-35 (b) 所示；直径大于 300mm 的带轮常采用轮辐式，如图 1-35 (c) 所示。

V 型带传动的安装、使用和维护是否得当，会直接影响传动带的正常工作和使用寿命。在安装带轮时，要保证两轮中心线

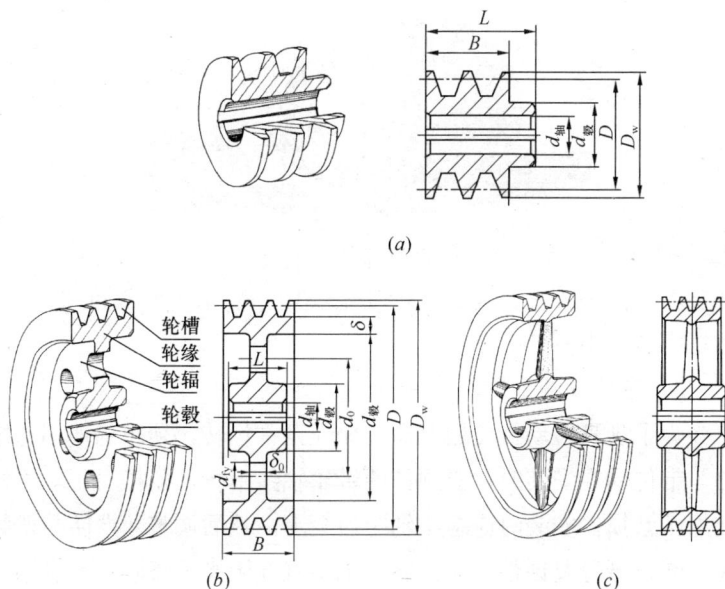

图 1-35 带轮

(a) 实心式；(b) 腹板式；(c) 轮辐式

平行，其端面与轴的中心线垂直，主、从动轮的轮槽必须在同一平面内，带轮安装在轴上不得晃动。

V型带经过一段时间使用后，如发现不能使用时要及时更换，且不允许新旧带混合使用，以免造成载荷分布不均。更换下来的V型带如果其中有的仍能继续使用，可在使用寿命相近的V型带中挑选长度相等的进行组合。

③同步带传动。

同步带传动是一种啮合传动，依靠带内周的等距横向齿与带轮相应齿槽间的啮合来传递运动和动力，如图1-36所示。同步带传动工作时带与带轮之间无相对滑动，能保证准确的传动比。传动效率可达0.98；传动比较大，可达12～20；允许带速可高至50m/s。但同步带传动的制造要求较高，安装时对中心距有严

图 1-36 同步带传动

格要求，价格较贵。同步带传动主要用于要求传动比准确的中、小功率传动中。

3）带传动的维护

为了延长传动带使用寿命，保证正常运转，须正确使用与维护。带传动在安装时，必须使两带轮轴线平行，轮槽对正，否则会加剧磨损。安装时应缩小轴距后套上，然后调整。严防与矿物油、酸、碱等腐蚀性介质接触，也不宜在阳光下曝晒。如有油污可用温水或 1.5％的稀碱溶液洗净。

1.3.3 轴

轴是组成机器中的最基本的和主要的零件，一切作旋转运动的传动零件，都必须安装在轴上才能实现旋转和传递动力。

（1）常用轴的种类和应用特点

1）按照轴的轴线形状不同，可以把轴分为曲轴（图 1-37a）和直轴（图 1-37b、c）两大类。曲轴可以将旋转运动改变为往复直线运动或者作相反的运动转换。直轴应用最为广泛，直轴按照其外形不同，可分为光轴（图 1-37b）和阶梯轴（图 1-37c）两种。

2）按照轴的所受载荷不同，可将轴分为心轴、转轴和传动轴三类：

①心轴：通常指只承受弯矩而不承受转矩的轴，如自行车前轴；

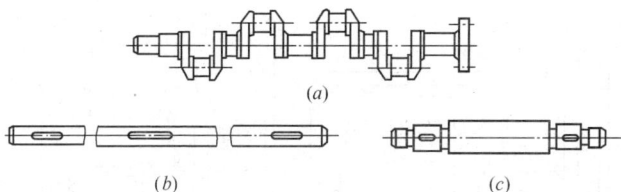

图 1-37 轴

（a）曲轴；（b）光轴；（c）阶梯轴

②转轴：既受弯矩又受转矩的轴，转轴在各种机器中最为常见；

③传动轴：只受转矩不受弯矩或受很小弯矩的轴。车床上的光轴、连接汽车发动机输出轴和后桥的轴，均是传动轴。

（2）轴的结构

轴主要由轴颈、轴头、轴身和轴肩、轴环构成，如图 1-38 所示。

1）轴颈，是指轴颈与轴承配合的轴段。轴颈的直径应符合轴承的内径系列；

2）轴头，是指支撑传动零件的轴段。轴头的直径必须与相配合零件的轮毂内径一致，并符合轴的标准直径系列；

3）轴身，是指连接轴颈和轴头的轴段；

4）轴肩和轴环是阶梯轴上截面变化之处。

1.3.4 轴承

（1）轴承的功用和类型

1）轴承功用。轴承是机器中用来支承轴和轴上零件的重要零部件，它能保证轴的旋转精度，减小转动时轴与支承间的摩擦和磨损。

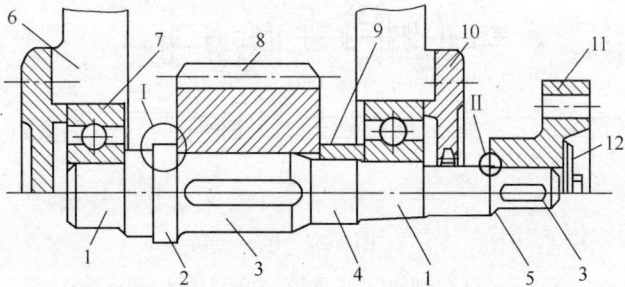

图 1-38　轴的构造

1—轴颈；2—轴环；3—轴头；4—轴身；5—轴肩；6—轴承座；7—滚动
轴承；8—齿轮；9—套筒；10—轴承盖；11—联轴器；12—轴端挡阻

2）轴承的类型和特点。根据工作时摩擦性质不同，轴承可分为滑动轴承和滚动轴承；按所受载荷方向不同，可分为向心轴承、推力轴承和向心推力轴承。

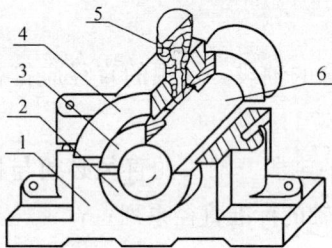

图 1-39　滑动轴承

1—轴承座；2、3—轴瓦；4—轴承盖；
5—润滑装置；6—轴颈

滚动轴承具有摩擦力小，易启动，载荷、转速及工作温度的适用范围较广，轴向尺寸小，润滑维修方便等优点。滚动轴承已标准化，在机械中应用非常广泛。

（2）滑动轴承

滑动轴承一般由轴承座、轴瓦（或轴套）、润滑装置和密封装置等部分组成，如图 1-39 所示。

根据轴承所受载荷方向不同，可分为向心滑动轴承、推力滑动轴承和向心推力滑动轴承。

（3）滚动轴承

滚动轴承由内圈 1、外圈 2、滚动体 3 和保持架 4 组成，如图 1-40 所示。一般内圈装在轴颈上，外圈装在轴承座孔内。内外圈上设置有滚道，当内外圈相对旋转时，滚动体沿着滚道滚动。滚动体是滚动轴承的主体，常见形状有球形和滚子形（圆柱形滚子、圆锥形滚子、鼓形滚子等）。保持架的作用是分隔开两个相邻的滚动体，以减少滚动体之间的碰撞和磨损。按滚动体形状不同，滚动轴承可分为球轴承［图 1-40（a）］和滚子轴承［图 1-40（b）］两大类。若按轴承载荷的类型不同可分为三大类：主要承受径向载荷的轴承称为向心轴承；只能承受轴向载荷的轴承称为推力轴承；能同时承受径向和轴向载荷的轴承称为向心推力轴承。

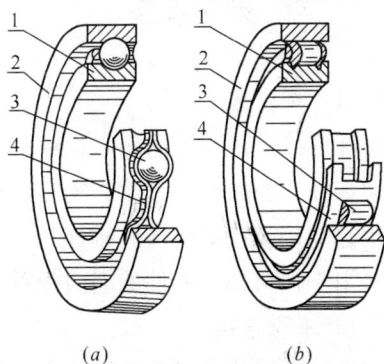

图 1-40　滚动轴承构造

（a）球轴承；（b）滚子轴承

1—内圈；2—外圈；3—滚动体；4—保持架

滚动轴承与滑动轴承相比，有以下优点：

1）滚动轴承的摩擦阻力小，因此功率损耗小，机械效率高，发热少，不需要大量的润滑油来散热，易于维护和启动；

2）常用的滚动轴承已标准化，可直接选用，而滑动轴承一般均需自制；

3）对于同样大的轴颈，滚动轴承的宽度比滑动轴承小，可使机器的轴向结构紧凑；

4）有些滚动轴承可同时承受径向和轴向两种载荷，这就简化了轴承的组合结构；

5）滚动轴承不需用有色金属，对轴的材料和热处理要求不高。

滚动轴承亦存在一些缺点，主要有：

1）承受冲击载荷的能力较差；

2）运转不够平稳，有轻微的振动；

3）不能剖分装配，只能轴向整体装配；

4）径向尺寸比滑动轴承大。

1.3.5　键销连接

（1）键连接

键连接是由零件的轮毂、轴和键组成，在各种机器上有很多转动零件，如齿轮、带轮、蜗轮、凸轮等，这些轮毂和轴大多数采用键连接或花键连接。键连接是一种应用很广泛的可拆连接，主要用于轴与轴上零件的周向相对固定，以传递运动或转矩。

1）平键连接

平键连接装配时先将键放入轴的键槽中，然后推上零件的轮毂，构成平键连接，如图 1-41 所示。平键连接时，键的上顶面与轮毂键槽的底面之间留有间隙，而键的两侧面与轴、轮毂键槽的侧面配合紧密，工作时依靠键和键槽侧面的挤压来传递运动和转矩，因此平键的侧面为工作面。

键连接由于结构简单、装拆方便和对中性好，因此获得广泛应用。

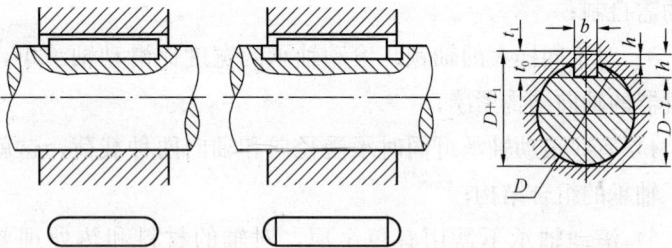

图 1-41　平键连接

2）花键连接

在使用一个平键不能满足轴所传递的扭矩的要求时，可采用花键连接。花键连接由花键轴与花键套构成，如图 1-42 所示，常用传递大扭矩、要求有良好的导向性和对中性的场合。花键的齿形有矩形、三角形及渐开线齿形三种，矩形键加工方便，应用较广。

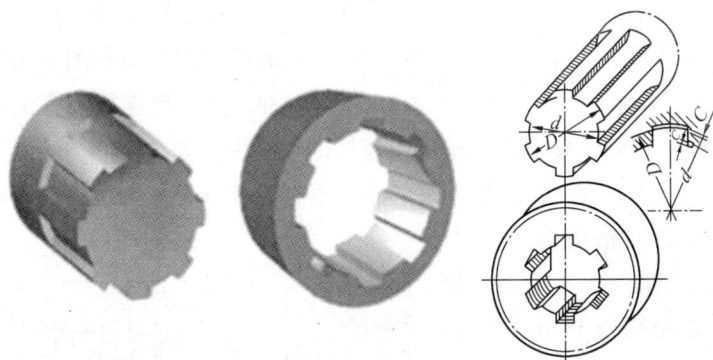

图 1-42　花键连接

3）半圆键连接

半圆键的上表面为平面，下表面为半圆形弧面，两侧面互相平行。半圆键连接也是靠两侧工作面传递转矩的，如图 1-43 所示。

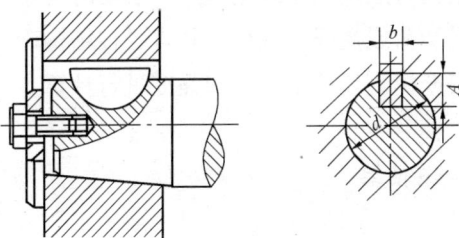

图 1-43　半圆键连接

其特点是能自动适应零件轮毂槽底的倾斜，使键受力均匀。主要用于轴端传递转矩不大的场合。

（2）销连接

销连接用来固定零件间的相互位置，构成可拆连接，也可用

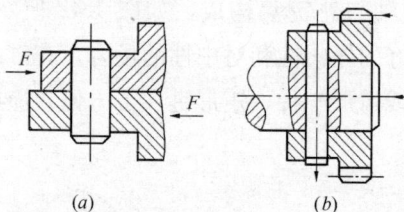

图 1-44　圆柱销

于轴和轮毂或其他零件的连接以传递较小的载荷；有时还用作安全装置中的过载剪切元件。

销是标准件，其基本形式有圆柱销和圆锥销两种。圆柱销连接不宜经常装拆，否则会降低定位精度或连接的紧固性，如图 1-44 所示。

圆锥销有 1∶50 的锥度，小头直径为标准值。圆锥销易于安装，定位精度高于圆柱销，如图 1-45 所示。圆柱销和圆锥销孔均需铰制。铰制的圆柱销孔直径有四种不同配合精度，可根据使用要求选择。

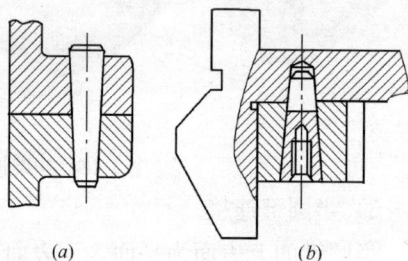

图 1-45　圆锥销

销的类型按工作要求选择。用于连接的销，可根据连接的结构特点按经验确定直径，必要时再做强度校核；定位销一般不受载荷或受很小载荷，其直径按结构确定，数目不得少于两个；安全销直径按销的剪切强度进行计算。

1.3.6　联轴器

联轴器用于轴与轴之间的连接，按性能可分为刚性联轴器和弹性联轴器两大类。

（1）刚性联轴器

刚性联轴器是通过若干刚性零件将两轴连接在一起，可分固定式（图 1-46）和可移式（图 1-47）两种。固定式刚性联轴器，

44

虽然不具有补偿性能，但有结构简单、制造容易、不需维护、成本低等特点，仍有其应用范围。可移式刚性联轴器具有补偿两轴相对位移的能力。

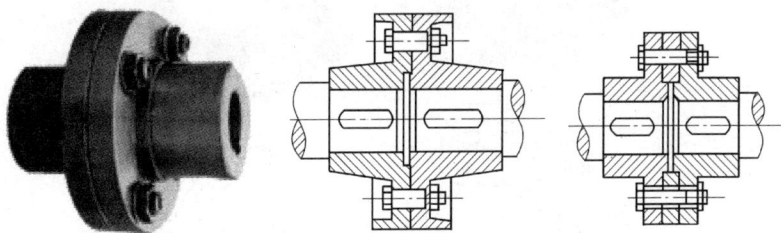

图 1-46　固定式刚性联轴器

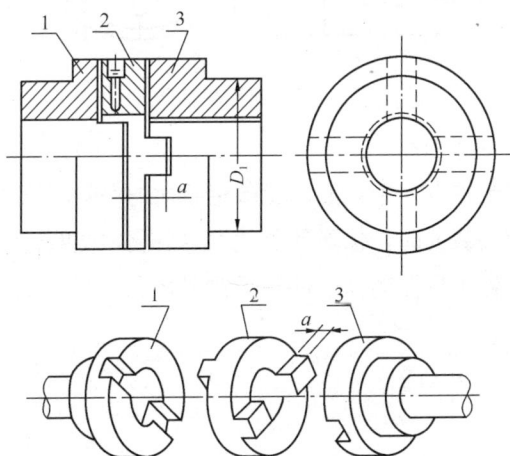

图 1-47　十字滑块联轴器

1—半联轴器；2—滑块；3—半联轴器

（2）弹性联轴器

弹性联轴器种类繁多，它具有缓冲吸振，可补偿较大的轴向位移，微量的径向位移和角位移的特点，用在正反向变化多、启动频繁的高速轴上。图 1-48 所示是一种常见的弹性联轴器。

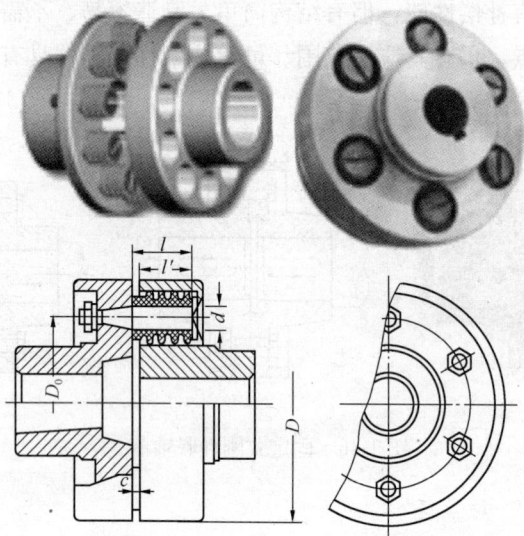

图 1-48　弹性联轴器

（3）安全联轴器

安全联轴器有一个只能承受限定载荷的保险环节，当实际载荷超过限定的载荷时，保险环节就发生变化，截断运动和动力的传递，从而保护机器的其余部分不致损坏。

1.3.7　制动器

制动器是用于机构或机器减速或使其停止的装置，是各类起重机械不可缺少的组成部分，它既是起重机的控制装置，又是安全装置。其工作原理是：制动器摩擦副中的一组与固定机架相连；另一组与机构转动轴相连。当摩擦副接触压紧时，产生制动作用；当摩擦副分离时，制动作用解除，机构可以运动。

（1）制动器的分类

1）根据构造不同，制动器可分为以下三类：

①带式制动器。制动钢带在径向环抱制动轮而产生制动力矩。

②块式制动器。两个对称布置的制动瓦块，在径向抱紧制动轮而产生制动力矩。

③盘式与锥式制动器。带有摩擦衬料的盘式和锥式金属盘，在轴向互相贴紧而产生制动力矩。

2）按工作状态，制动器一般可分为常闭式制动器和常开式制动器：

①常闭式制动器。在机构处于非工作状态时，制动器处于闭合制动状态；在机构工作时，操纵机构先行自动松开制动器。塔式起重机的起升和变幅机构均采用常闭式制动器。

②常开式制动器。制动器平常处于松开状态，需要制动时通过机械或液压机构来完成。塔式起重机的回转机构采用常开式制动器。

（2）常用制动器的工作原理

建筑机械最常用的是液压推杆制动器（图1-49）和电磁制动器（图1-50）。无论是液压推杆制动器还是电磁制动器，其原理基本相近，采用弹簧上闸，而松闸装置液压电磁推杆则布置在制动器的旁侧，通过杠杆系统与制动臂联系而实现松闸。

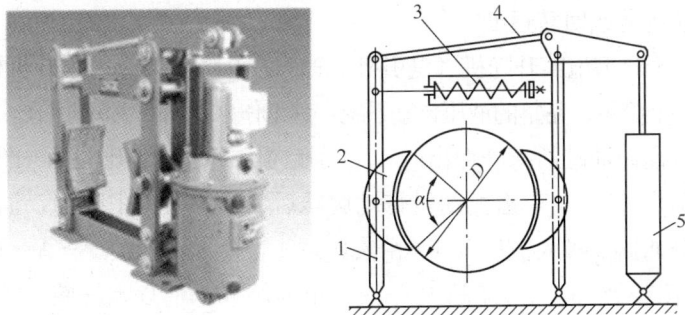

图 1-49　液压推杆制动器

1—制动臂；2—制动瓦块；3—上闸弹簧；4—杠杆；5—液压电磁推杆松闸器

图 1-50　电磁制动器

（3）制动器的报废

制动器的零件有下列情况之一的，应予报废：

1）可见裂纹；

2）制动块摩擦衬垫磨损量达原厚度的 50%；

3）制动轮表面磨损量达 1.5～2mm；

4）弹簧出现塑性变形；

5）电磁铁杠杆系统空行程超过其额定行程的 10%。

1.4　液压传动基础知识

1.4.1　液压传动的基本原理

液压系统利用液压泵将机械能转换为液体的压力能，再通过各种控制阀和管路的传递，借助液压执行元件（液压缸或液压马达）把液体压力能转换为机械能，从而驱动工作机构，实现直线往复运动或回转运动。

SSD 型施工升降机（曳引机上置式）升降套架液压顶升机构，是一个简单、完整的液压传动系统，其工作原理如图 1-51 所示。

推动油缸活塞杆伸出时，手动换向阀 6 处于上升位置（图示左位），液压泵 4 由电动机带动旋转后，从油箱 1 中吸油，油液经滤油器 2 进入液压泵 4，由液压泵 4 转换成压力油 P→A→HP（高压胶管 7）→节流阀 12→液控单向阀 m→油缸无杆腔，推动缸筒上升，同时打开液控单向阀 n，以便回油反向流动。回油：油杆腔→液控单向阀 n→HP（高压胶管 7）→手动换向阀 B 口→

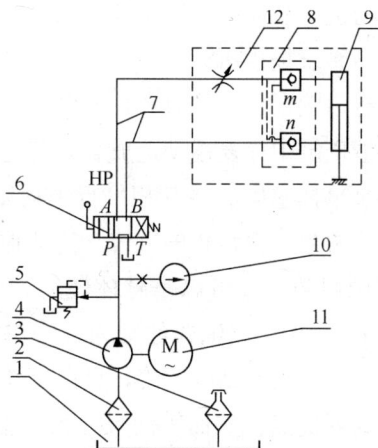

图 1-51 液压系统原理图

1—油箱；2—滤油器；3—空气滤清器；4—液压泵；5—溢流阀；6—手动换向阀；7—HP（高压胶）管；8—双向液压锁；9—顶升油缸；10—压力表；11—电动机；12—节流阀

T 口→油箱。

推动油缸活塞杆收缩时，手动换向阀 6 处于下降位置（图示右位），压力油 P 口→B→HP（高压胶管 7）→液控单向阀 n→油缸有杆腔，同时压力油也打开液控单向阀 m，以便回油反向流动。回油：油缸无杆腔→液控单向阀 m→HP（高压胶管 7）→手动换向阀 A 口→T 口→油箱。

卸荷：手动换向阀 6 处于中间位置。电动机 11 启动，油泵 4 工作，油液经滤油器 2 进入油泵 4，再到换向阀 6 中间位置 P→T 回到油箱 1，此时系统处于卸荷状态。

1.4.2 液压系统的主要元件

（1）动力元件

动力元件，它供给液压系统压力，并将原动机输出的机械能转换为油液的压力能，从而推动整个液压系统工作，最常用的是液压泵，它给液压系统提供压力。

液压泵一般有齿轮泵、叶片泵和柱塞泵等几个种类。其中柱塞泵是靠柱塞在液压缸中往复运动造成容积变化来完成吸油与压油的。轴向柱塞泵是柱塞中心线互相平行于缸体轴线的一种泵，有斜盘式和斜轴式两类。斜盘式的缸体与传动轴在同一轴线，斜盘与传动轴成一倾斜角，它可以是缸体转动，也可以是斜盘转动，如图 1-52（a）所示。斜轴式的则为缸体相对传动轴轴线成一倾斜角。轴向柱塞泵具有结构紧凑，径向尺寸小，惯性小，容积效率高，压力高等优点，然而轴向尺寸大，结构也比较复杂，如图 1-52（b）所示。轴向柱塞泵在高工作压力的设备中应用很广。

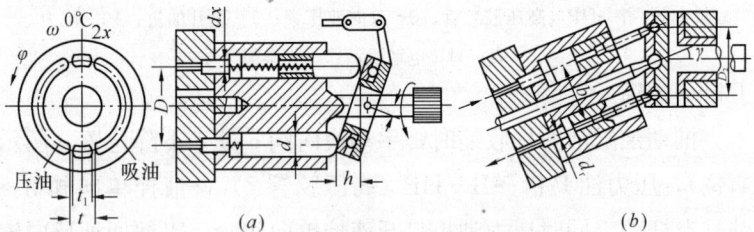

图 1-52 柱塞泵工作原理图

（a）斜盘式；（b）斜轴式

（2）执行元件

执行元件是把液压能转换成机械能的装置，以驱动工作部件运动。最常用的是液压缸或液压马达。

1）液压缸

一般用于实现往复直线运动或摆动，将液压能转换为机械能，是液压系统中的执行元件。

2）液压马达

液压马达也是将压力能转换成机械能的转换装置。与液压油缸不同的是液压马达是以转动的形式输出机械能。液压马达有齿轮式、叶片式和柱塞式之分。

液压马达和液压泵从原理上讲，它们是可逆的。当电动机带动其转动时由其输出压力能（压力和流量），即为液压泵；反之，当压力油输入其中，由其输出机械能（转矩和转速），即是液压马达。

（3）控制元件

控制元件，包括各种阀类，如压力阀、流量阀和方向阀等，用来控制液压系统的液体压力、流量（流速）和方向，以保证执行元件完成预期的工作运动。

1）双向液压锁

双向液压锁广泛应用于工程机械及各种液压装置的保压油路中，双向液压锁是一种防止过载和液力冲击的安全溢流阀，安装在液压缸上端部，如图1-53所示。液压锁主要为了防止油管破损等原因导致系统压力急速下降，锁定液压缸，防止事故发生。

图 1-53　双向液压锁

2）溢流阀

溢流阀是一种液压压力控制阀，通过阀口的溢流，使被控制系统压力维持恒定，实现稳压、调压或限压作用。它依靠弹簧力和油的压力的平衡来实现液压泵供油压力的调节。

3）减压阀

减压阀是一种利用液流流过缝隙产生压降的原理，使出口油压低于进口油压的压力控制阀，以满足执行机构的需要。

减压阀有直动式和先导式两种，一般采用先导式，如图 1-54
所示。

4）顺序阀

顺序阀是用来控制液压系统中两个或两个以上工作机构动作
先后顺序的阀。顺序阀串联于油路上，它是利用系统中的压力变
化来控制油路通断的。顺序阀分为直动式和先导式，如图 1-55
所示，又可分为内控式和外控式，压力也有高低压之分。应用较
广的是直动式。

图 1-54　先导式减压阀　　　　图 1-55　先导式顺序阀

5）换向阀

换向阀是借助于阀芯与阀体之间的相对运动来改变油液流动
方向的阀。按阀芯相对于阀体的运动方式不同，换向阀可分为滑
阀（阀芯移动）和转阀（阀芯转动）。按阀体连通的主要油路数
不同，换向阀可分为二通、三通、四通等；按阀芯在阀体内的工
作位置数不同，换向阀可分为二位、三位、四位等；按操作方式
不同，换向阀可分为手动、机动、电磁动、液动、电液动等，如
图 1-56 所示。换向阀阀芯定位方式分为钢球定位和弹簧复位
两种。

（a）　　　　　　　　　　　（b）

图 1-56　换向阀

（a）电磁式换向阀；（b）手动式换向阀

三位四通阀工作原理：

如图 1-57 所示，阀芯有三个工作位置（左、中、右称为三位），阀体上有四个通路 T、A、B、P 称为四通（P 为进油口，T 为回油口，A、B 为通往执行元件两端的油口），此阀称为三位四通阀。当阀芯处于中位时（图 a），各通道均堵住。液压缸两腔既不能进油，又不能回油，此时活塞锁住不动。当阀芯处于右位时（图 b），压力油从 P 口流入，A 口流出；回油从 B 口流

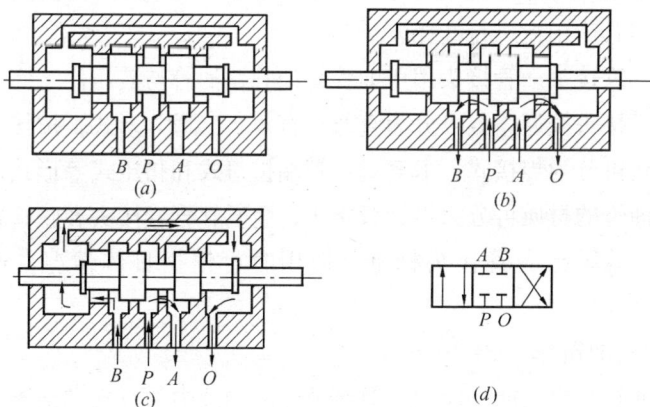

图 1-57　三位四通阀工作原理图

（a）滑阀处于中位；（b）滑阀移于右位；（c）滑阀移于左位；（d）图形符号

入，T口流回油箱。当阀芯处于左位时（图 c），压力油从 P 口流入，B 口流出；回油由 A 口流入，T 口流回油箱。图（d）为三位四通阀的图形符号。

6）流量控制阀

流量控制阀是通过改变液流的通流截面来控制系统工作流量，以改变执行元件运动速度的阀，简称流量阀。常用的流量阀有节流阀（图 1-58）和调速阀等。

图 1-58　节流阀

（4）辅助元件

辅助元件，指各种管接头、油管、油箱、过滤器和压力计等，起连接、储油、过滤和测量油压等辅助作用，以保证液压系统可靠、稳定、持久地工作。

1）油管和管接头

①油管。油管的作用是连接液压元件和输送液压油。在液压系统中常用的油管有钢管、铜管、塑料管、尼龙管和橡胶软管，可根据具体用途进行选择。

②管接头。管接头用于油管与油管、油管与液压件之间的连接。管接头按通路数可分为直通、直角、三通等形式，按接头连接方式可分为焊接式、卡套式、管端扩口式和扣压式等形式。按连接油管的材质可分为钢管管接头、金属软管管接头和胶管管接头等。我国已有管接头标准，使用时可根据具体情况，选择使用。

2）油箱

油箱主要功能是储油、散热及分离油液中的空气和杂质。油箱的结构如图 1-59 所示，形状根据主机总体布置而定。它通常用钢板焊接而成，吸油侧和回油侧之间有两个隔板 7 和 9，将两区分开，以改善散热并使杂质多沉淀在回油管一侧。吸油管 1 和回油管 4 应尽量远离，但距箱边应大于管径的三倍。加油用滤网 2 设在回油管一侧的上部，兼起过滤空气的作用。盖上面装有通气罩 3。为便于放油，油箱底面有适当的斜度，并设有放油塞 8，油箱侧面设有油标 6，以观察油面高度。当需要彻底清洗油箱时，可将箱盖 5 卸开。

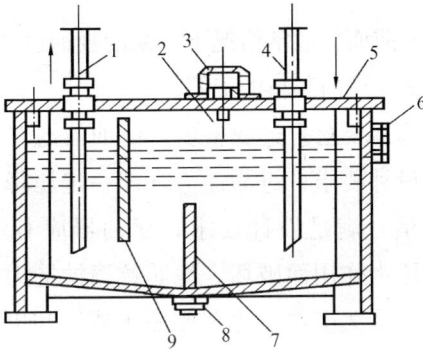

图 1-59　油箱结构示意图

1—吸油管；2—加油孔；3—通气罩；4—回油管；
5—箱盖；6—油标；7、9—隔极；8—放油塞

油箱容积主要根据散热要求来确定，同时还必须考虑机械在停止工作时系统油液在自重作用下能全部返回油箱。

3）滤油器

滤油器的作用是分离油中的杂质，使系统中的液压油经常保持清洁，以提高系统工作的可靠性和液压元件的寿命，如图 1-60 所示。液压系统中的所有故障 80% 左右是因污染的油液引起的，因此液压系统所用的油液必须经过过滤，并在使用过程中要保持油液清洁。油液的过滤一般都先经过沉淀，然后经滤油器过滤。

滤油器按过滤情况可分为粗滤油器、普通滤油器、精滤油器和特精滤油器。按结构可分为网式、线隙式、烧结式、纸芯式和磁性滤油器等形式。滤油器可以安装在液压泵的吸油口、出油口

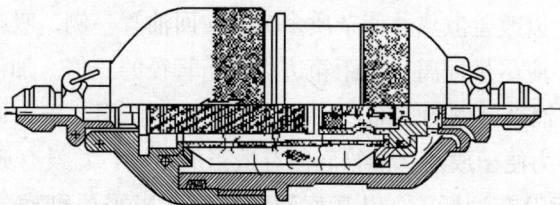

图 1-60　滤油器

以及重要元件的前面。通常情况下，泵的吸油口装粗滤油器，泵的出油口和重要元件前装精滤油器。

滤油器的基本要求是过滤精度（滤油器滤芯滤去杂质的粒度大小）满足设计要求；过滤能力（即一定压降下允许通过滤油器的最大流量）满足设计要求；滤油器应有一定的机械强度，不会因液压力作用而破坏；滤芯抗腐蚀能力强，并能在一定的温度范围内持久工作。滤芯要便于清洗和更换，便于装拆和维护。

1.4.3　液压油

液压油是液压系统的工作介质，指在液压系统中承受压力并传递压力的油液，也是液压元件的润滑剂和冷却剂。

（1）液压油的性质

液压油的性质对液压传动性能有明显的影响。因此在选用液压油时应注意液压油的黏度随温度变化的性能、抗磨损性、抗氧化安定性、抗乳化性、抗剪切安定性、抗泡沫性、抗燃性、抗橡胶溶胀性、防锈性等。

液压油性质的不同，其价格也相差很大。在选择液压油时应根据设备说明书的规定并结合使用环境选用合适的液压油，既要适用又不至于浪费。

（2）液压油的更换

油箱在第一次加满油后，经开机运转应向油箱内进行二次加油，并使液压油至油位观察窗上限，以确保油箱内有足够的油液循环。

在使用过程中由于液压油氧化变质，各种理化性能下降。因此，应及时更换液压油。

换油周期可按以下几种方法确定。

1）综合分析测定法。依靠化验仪器定期取样测定主要理化性能指标，连续监控油的变质状况。

2）固定周期换油法。是指按液压系统累计运转小时数换油。通常按使用说明书要求的周期进行更换。

3）经验判断法。通过采集油样与新油相比进行外观检查，观看油液有无颜色、水分、沉淀、泡沫、异味、黏度等差异，综合各类情况作出外观判断与处理。当液压油变成乳白色，或混入空气或水，应分离水气或换油；当液压油中有小黑点，或发现混入杂质、金属粉末，应过滤或换油；当液压油变成黑褐色，或有臭味、氧化变质，应全部换油。

1.5　钢结构基础知识

1.5.1　钢结构的特点

钢结构是由钢板、热轧型钢、薄壁型钢和钢管等构件通过焊接、铆接和螺栓、销轴等形式连接而成的能承受和传递荷载的结构形式，是建筑起重机械的重要组成部分。钢结构与其他结构相比，具有以下特点：

（1）坚固耐用、安全可靠

钢结构具有足够的强度、刚度和稳定性，以及良好的机械性能。

（2）自重小、结构轻巧

钢结构具有体积小、厚度薄、重量轻的特点，便于运输和装拆。

（3）材质均匀

钢材内部组织比较均匀，力学性能接近于匀质、各向同性，计算结果比较可靠。

（4）塑性、韧性较好

适应在动力载荷下工作，在一般情况下不会因超载而突然断裂。

（5）易加工

钢结构所用材料以型钢和钢板为主，加工制作简便，准确度和精密度都较高，可以采用螺栓进行连接，便于安装与拆卸。

但钢结构与其他结构相比，也存在抗腐蚀性能和耐火性能较差，以及在低温条件下易发生脆性断裂等缺点。

1.5.2　钢结构的材料

钢结构所使用的钢材应当具有较高的强度，塑性、韧性和耐久性好，焊接性能优良、易于加工制造，抗锈性好等。

（1）钢结构常用材料

钢结构常用材料一般为 Q235 钢、Q345 钢。

普通碳素钢 Q235 系列钢，强度、塑性、韧性及可焊性都比较好，是建筑起重机械使用的主要钢材。

低合金钢 Q345 系列钢，是在普通碳素钢中加入少量的合金元素炼成的。其力学性能好，强度高，对低温的敏感性不高，耐腐蚀性能较强，焊接性能也好，用于受力较大的结构中可节省钢材，减轻结构自重。

（2）钢材的类型

型钢和钢板是制造钢结构的主要钢材。钢材有热轧成型及冷轧成型两类。热轧成型的钢材主要有型钢及钢板，冷轧成型的有薄壁型钢及钢管。

按照国家标准规定，型钢和钢板均具有相关的断面形状和尺寸。

1）热轧钢板

厚钢板，厚度 4.5～60mm，宽度 600～3000mm，长4～12m；

薄钢板，厚度 0.35～4.0mm，宽度 500～1500mm，长1～6m；

扁钢，厚度 4.0～60mm，宽度 12～200mm，长3～9m；

花纹钢板，厚度 2.5～8mm，宽度 600～1800mm，长4～12m。

2）角钢

分等边与不等边两种。角钢是以其肢边宽和厚来编号的，例如，10 号角钢的两个边宽均为 100mm；10/8 号角钢的边宽分别为 100mm 及 80mm。同一号码的角钢厚度可以不同，我国生产的角钢的长度一般为 4～19m。

3）槽钢

分普通槽钢和普通低合金轻型槽钢。其型号是以截面高度（cm）来表示的。例如，20 号槽钢的断面高度均为 20cm。我国生产的槽钢一般长度为 5～19m，最大型号为 40 号。

4）工字钢

分普通工字钢和普通低合金工字钢。因其腹板厚度不同，可分为 α、b、c 三类，型号也是用截面高度（cm）来表示的。我国生产的工字钢长度一般为 5～19m，最大型号为 63 号。

5）钢管

规格以外径表示，我国生产的无缝钢管外径约 38～325mm，壁厚 4～40mm，长度 4～12.5m。

6）H 型钢

H 型钢规格以高度(mm)×宽度(mm)表示，目前生产的 H 型钢规格 100mm×100mm 至 800mm×300mm 或宽翼 427mm×400mm，厚度(指：主筋壁厚)6～20mm，长度 6～18m。

7）冷弯薄壁型钢

冷弯薄壁型钢是用冷轧钢板、钢带或其他轻合金材料在常温下经模压或弯制冷加工而成的。用冷弯薄壁型钢制成的钢结构，重量轻，省材料，截面尺寸又可以自行设计，目前在轻型的建筑结构中已得到应用。

1.5.3 钢材的特性

(1) 钢材的塑性

钢材的主要强度指标和多项性能指标是通过单向拉伸试验获得的。试验一般是在标准条件下进行的，即采用符合国家标准规定形式和尺寸的标准试件，在室温 20℃左右，按规定的加载速度在拉力试验机上进行。

如图 1-61 所示，为钢材的一次拉伸应力-应变曲线。钢材具有明显的弹性阶段、弹塑性阶段、塑性阶段及应变硬化阶段。

在弹性阶段，钢材的应力与应变成正比，服从虎克定律。这时变形属弹性变形。当应力释放后，钢材能够恢复原状。弹性阶段是钢材工作的主要阶段。

在弹塑性阶段、塑性阶段，应力不再上升而变形发展很快。当应力释放之后，将遗留不能恢复的变形。这种变形属弹塑性、塑性变形。这种过大的永久变形虽不是结构的真正破坏，但却使

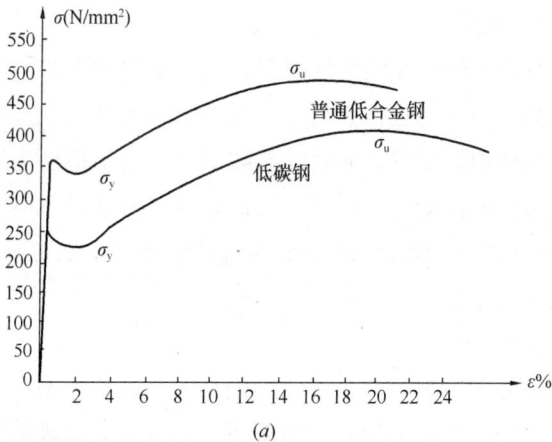

(a)

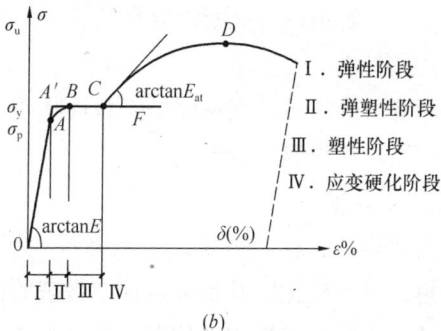

(b)

图 1-61　低碳钢的一次拉伸压力-应变曲线

（a）普通低合金钢与低碳钢的一次拉伸应力-应变曲线；

（b）低碳钢拉伸应力-应变曲线的四个阶段

它丧失正常工作能力。因此，在建筑机械的结构计算中，把屈服点 σ_s 近似地看成钢材由弹性变形转入塑性变形的转折点，并作为钢结构容许达到的极限应力。对于受拉杆件，只允许在 σ_s 以下的范围内工作。

在应变硬化阶段，当继续加载时，钢材的强度又有显著提高，塑性变形也显著增大（应力与应变已不服从虎克定律），随后将会发生破坏，钢材真正破坏时的强度为抗拉强度 σ_b。

由此可见，从屈服点到破坏，钢材仍有着较大的强度储备，从而增加了结构的可靠性。

钢材在发展到很大的塑性变形之后才出现的破坏，称为塑性破坏。结构在简单的拉伸、弯曲、剪切和扭转的情况下工作时，通常是先发展塑性变形，而后才导致破坏。由于钢材达到塑性破坏时的变形比弹性变形大得多。因此，在一般情况下钢结构产生塑性破坏的可能性不大。即便出现这种情形，事前也易被察觉，能对结构及时采取补强工作。

（2）钢材的脆性

脆性破坏的特征是在破坏之前钢材的塑性变形很不明显，有时甚至是在应力小于屈服点的情况下突然发生，这种破坏形式对结构的危害比较大。影响钢材脆断的因素是多方面的：

1）低温的影响。

当温度到达某一低温后，钢材就处于脆性状态，冲击韧性很不稳定。钢种不同，冷脆温度也不同。

2）应力集中的影响。

如钢材存在缺陷（气孔、裂纹、夹杂等），或者结构具有孔洞、开槽、凹角、厚度变化以及制造过程中带来的损伤，都会导致衬料截面中的应力不再保持均匀分布，在这些缺陷、孔槽或损伤处，将产生局部的高峰应力，形成应力集中。

3）加工硬化（残余应力）的影响。

钢材经过了弯曲、冷压、冲孔、剪裁等加工之后，会产生局部或整体硬化，降低塑性和韧性，加速时效变脆，这种现象称为加工硬化（或冷作硬化）。

热轧型钢在冷却过程中，在截面突变处（如尖角、边缘及薄细部位）率先冷却，其他部位渐次冷却，先冷却部位约束阻止后冷却部位的自由收缩，产生复杂的热轧残余应力分布。不同形状和尺寸规格的型钢残余应力分布不同。

4）焊接的影响。

钢结构的脆性破坏，在焊接结构中常常发生。焊接引起钢材变脆的原因是多方面的，其中主要是焊接温度影响。由于焊接时焊缝附近的温度很高，在热影响区域，经过高温和冷却的过程，使钢材的组织构造和机械性能起了变化，促使钢材脆化。钢材经过气割或焊接后，由于不均匀的加热和冷却，将引起残余应力。残余应力是自相平衡的应力，退火处理后可部分乃至全部消除。

（3）钢材的疲劳性

钢材在连续反复荷载作用下，虽然应力还低于抗拉强度甚至屈服点，也会发生破坏，这种破坏属疲劳破坏。

疲劳破坏属于一种脆性破坏。疲劳破坏时所能达到的最大应力，将随荷载重复次数的增加而降低。钢材的疲劳强度采用疲劳试验来确定，各类起重机都有其规定的荷载疲劳循环次数值，达到这一数值时还不破坏的最大应力值为其疲劳强度。

影响钢材疲劳强度的因素相当复杂，它与钢材种类、应力大小变化幅度、结构的连接和构造情况等有关。建筑机械的钢结构多承受动力荷载，对于重级以及个别中级工作类型的机械，须考虑疲劳的影响，并作疲劳强度的计算。

1.5.4 钢结构的连接

钢结构通常是由多个杆件以一定的方式相互连接而组成的。常用的连接方法有焊接连接、螺栓连接与铆接连接等。

（1）焊接连接

1）焊接连接广泛应用于结构件的组成，如塔式起重机的塔身、起重臂、回转平台等钢结构部件；施工升降机的吊笼、导轨架；高处作业吊篮的吊篮作业平台、悬挂机构；整体附着升降脚手架的竖向主框架、水平承力桁架等钢结构件采用焊接连接成为一个整体性的部件。焊缝连接也用于长期或永久性的固结，如钢结构的建筑物；也可用于临时单件结构的定位。

钢结构钢材之间的焊接形式主要有正接填角焊缝、搭接填角焊缝、对接焊缝及塞焊缝等，如图 1-62 所示。

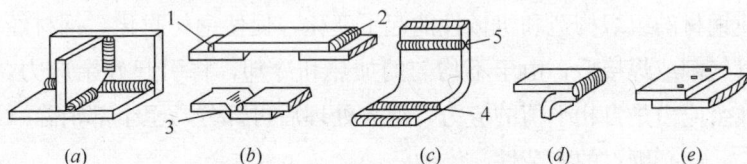

图 1-62　钢结构的焊缝形式

（a）正接填角焊缝；（b）搭接填角焊缝；（c）对接焊缝；

（d）边缘焊缝；（e）塞焊缝

1—双面式；2—单面式；3—插头式；4—单面对接；5—双面对接

2）焊缝质量检查。

焊缝外形尺寸如焊缝长度、高度等应满足设计要求，在重要焊接部位，可采用磁粉探伤或超声波探伤，甚至用 X 光射线探伤来判断焊缝质量。一般外观质量检查要求焊缝饱满、连续、平滑，无缩孔、杂质等缺陷。

（2）螺栓连接

螺栓连接广泛应用于可拆卸连接，螺栓连接主要由普通螺栓连接与高强度螺栓连接两种。

1）普通螺栓连接

普通螺栓连接分为精制螺栓（A 级与 B 级）和粗制螺栓（C 级）连接。

普通螺栓材质一般采用 Q235 钢。普通螺栓的强度等级为 3.6～6.8 级；直径为 3～64mm。

2）高强度螺栓连接

高强度螺栓是钢结构连接的重要零件。高强度螺栓副应符合 GB/T 3098.1 和 GB/T 3098.2 的规定，并应有性能等级符合标识及合格证书。

① 高强度螺栓的等级和分类。

高强度螺栓按强度可分为 8.8、9.8、10.9 级和 12.9 级四个等级，直径一般为 12～42mm，按受力状态可分为抗剪螺栓和抗拉螺栓。

② 高强度螺栓的预紧力矩。

高强度螺栓的预紧力矩是保证螺栓连接质量的重要指标，它综合体现了螺栓、螺母和垫圈组合的安装质量。在进行钢结构安装时，必须按规定的预紧力矩数值拧紧。常用的高强度螺栓预紧力和预紧扭矩见表 1-3。

③ 高强度螺栓的使用：

a. 使用前，应对高强度螺栓进行全面检查，核对其规格、等级标志，检查螺栓、螺母及垫圈有无损坏，其连接表面应清除灰尘、油漆、油迹和锈蚀。

b. 螺栓、螺母、垫圈配合使用时，高强度螺栓绝不允许采用弹簧垫圈，必须使用平垫圈，施工升降机导轨架连接用高强度螺栓必须采用双螺母防松。

c. 应使用力矩扳手或专用扳手，按使用说明书要求拧紧。

d. 高强度螺栓安装穿插方向宜采用自下而上穿插，即螺母在上面。

e. 高强度螺栓、螺母使用后拆卸再次使用，一般不得超过二次。

f. 拆下将再次使用的高强度螺栓的螺杆、螺母必须无任何损伤、变形、滑牙、缺牙、锈蚀及螺栓粗糙度变化较大等现象，反之，则禁止用于受力构件的连接。

（3）铆接连接

铆接连接因制造费工费时，用料较多及结构重量较大，现已很少采用。只有在钢材的焊接性能较差时，或在主要承受动力载荷的重型结构中才采用（如桥梁、吊车梁等）。建筑机械的钢结

表 1-3

常用的高强度螺栓预紧力和预紧扭矩

螺纹规格	公称应力截面积 A_s	螺纹最小截面积 A_g	8.8 预紧力 F_{sp}	8.8 理论预紧扭矩 M_{ap}	8.8 实际使用预紧扭矩 $M=0.9M_{ap}$	9.8 预紧力 F_{sp}	9.8 理论预紧扭矩 M_{ap}	9.8 实际使用预紧扭矩 $M=0.9M_{ap}$	10.9 预紧力 F_{sp}	10.9 理论预紧扭矩 M_{ap}	10.9 实际使用预紧扭矩 $M=0.9M_{ap}$
螺栓性能等级			8.8			9.8			10.9		
螺栓材料屈服强度 (N/mm²)			640			720			900		
mm	mm²	mm²	N	Nm	Nm	N	Nm	Nm	N	Nm	Nm
18	192	175	88000	290	260	99000	325	292	124000	405	365
20	245	225	114000	410	370	128000	462	416	160000	580	520
22	303	282	141000	550	500	158000	620	558	199000	780	700
24	353	324	164000	710	640	184000	800	720	230000	1000	900
27	459	427	215000	1050	950	242000	1180	1060	302000	1500	1350
30	561	519	262000	1450	1300	294000	1620	1460	368000	2000	1800
33	694	647	326000	由实验决定		365000	由实验决定		458000	由实验决定	
36	817	759	328000			430000			538000		
39	976	913	460000			517000			646000		
42	1120	1045	526000			590000			739000		
45	1300	1224	614000			690000			863000		
48	1470	1377	692000			778000			973000		

构一般不用铆接连接。

1.5.5　桁架结构

所谓的桁架是指由直杆组成的一般具有三角形单元的平面或空间结构。在荷载作用下，桁架杆件主要承受轴向拉力或压力，从而能充分利用材料的强度，在跨度较大时可比实腹梁节省材料，减轻自重和增大刚度，故适用于较大跨度的承重结构和高耸结构，如屋架、桥梁、输电线路塔、卫星发射塔、水工闸门、起重机架等。

建筑起重机械的架体无论采用杆件现场拼装还是标准节连接，也不论是采用方形还是三角形断面，通常都属于桁架结构，由 4 根或 3 根主肢和若干缀板（条）组成，也称为格构柱构造，如图 1-63 所示。

桁架按外形分有三角形桁架、梯形桁架、多边形桁架、平行弦桁架及空腹桁架。钢桁架杆件的连接方式有铆钉、销钉及焊缝等形式，桁架结构有以下结构特点：

（1）足够强度，通常不发生断裂或塑性变形。

（2）足够刚性，一般不发生过大的弹性变形。

（3）足够稳定性，不易发生因平衡形式的突然转变而导致坍塌。

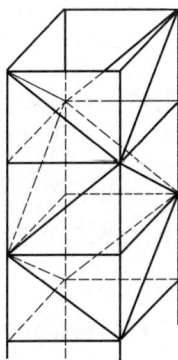

图 1-63　格构式
桁架柱

（4）良好的动力学特性，具有较好的抗震、抗风性。

（5）如图 1-64 所示，桁架中的杆件大部分只受轴线拉力和压力，各节点可假设为铰接，次应力可不计算，通过对上下弦杆和腹杆的合理布置，可适应结构内部的弯矩和剪力分布。

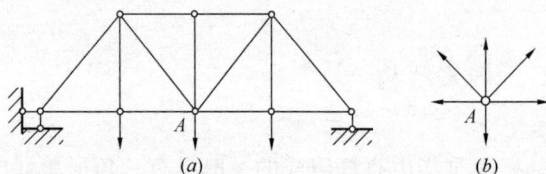

图 1-64　桁架及其节点受力分析

(a) 桁架所受外力；(b) 节点 A 的内力

1.5.6　钢结构的应用

由于钢结构自身的特点和结构形式的多样性，随着我国国民经济的迅速发展，应用范围越来越广，除房屋结构以外，钢结构还可用于下列结构：

（1）塔桅结构

塔桅结构包括电视塔、微波塔、无线电桅杆、导航塔及火箭发射塔等，一般均采用钢结构。

（2）板壳结构

板壳结构包括大型储气柜和储液库等要求密闭的容器、大直径高压输油管和输气管等，高炉的炉壳和轮船的船体等也采用钢结构。

（3）桥梁结构

跨度大于 40m 的各种形式的大、中跨度桥梁，一般也采用钢结构。

（4）可拆卸移动式结构

塔式起重机、施工升降机、物料提升机、高处作业吊篮、附着升降脚手架等起重机械及施工设施中大量采用钢结构形式。

1.5.7 钢结构的安全使用

钢结构构件可承受拉力、压力、水平力、弯矩、扭矩等荷载，而组成钢结构的基本构件，是轴心受力构件，包括轴心受拉构件和轴心受压构件。

要确保钢结构的安全使用，应做好以下几点：

（1）基本构件应完好

组成钢结构的每件基本构件应完好，不允许存在变形、破坏的现象，一旦有一根基本构件破坏，将会导致钢结构整体的失稳、倒塌等事故。

（2）连接应正确牢固

结构的连接应正确牢固，由于钢结构是由基本构件连接组成，所以有一处连接失效同样会造成钢结构的整体失稳、倒塌，造成事故。

（3）在允许的载荷、规定的作业条件下使用。

1.6 建筑识图知识

1.6.1 基本知识

图纸是一种用以表达构思和交流意见的技术语言，它能完整地表达物体的形状及大小，可直接解决生产中出现的空间几何和其他问题。

要建造一幢房子，必须首先进行设计。而具体的设计，往往不是用文字能表达清楚的，都要借助图纸。建筑施工就是根据设计图纸进行的。所以，图纸是施工和生产的重要依据。

（1）民用建筑构造组成

一幢民用建筑，一般是由基础、墙（或柱）、楼板层及地坪层（楼地层）、屋顶、楼梯和门窗等主要部分组成，如图 1-65 所示。

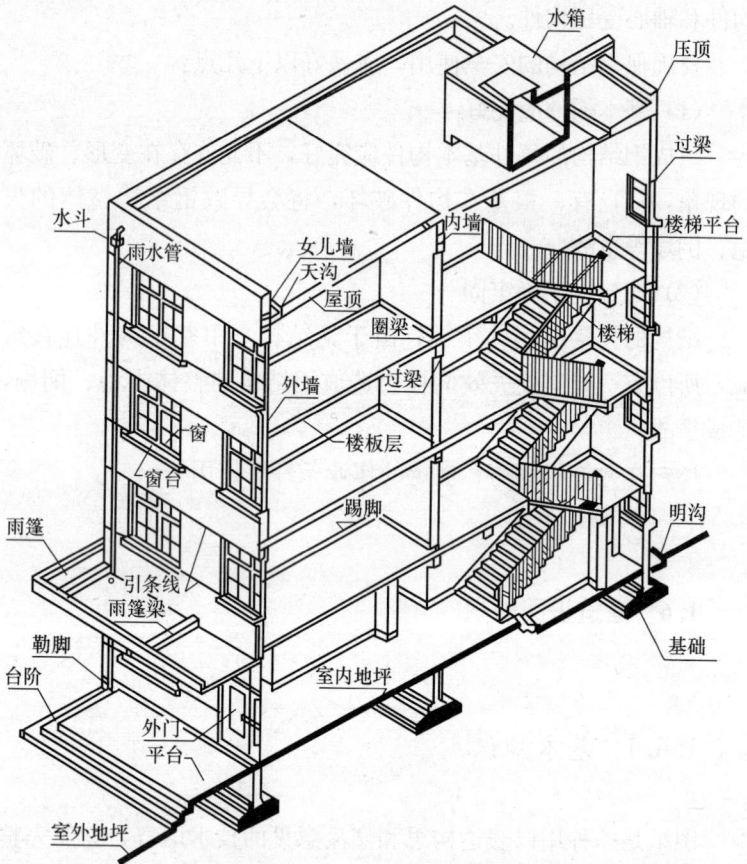

图 1-65　民用建筑构造组成

1）基础

基础是房屋最下部埋在土中的扩大构件，它承受着房屋的全部荷载，并把它传给地基（基础下面的土层）。

2）墙与柱

墙与柱是房屋的垂直承重构件，它承受楼地面和屋顶传来的荷载，并把这些荷载传给基础。墙体还是分隔、围护构件。外墙阻隔雨、风、雪、寒暑对室内的影响，内墙起着分隔房间的作用。

3）楼面与地面

楼面与地面是房屋的水平承重和分隔构件。楼面是指二层或二层以上的楼板或楼盖。地面又称为底层地坪，是指第一层使用的水平部分。它们承受着房间的家具、设备和人员的重量。

4）楼梯

楼梯是楼房建筑中的垂直交通设施，供人们上下楼层和紧急疏散之用。

5）屋顶

屋顶也称屋盖，是房屋顶部的围护和承重构件。它一般由承重层、防水层和保温（隔热）层三大部分组成，主要抵御阳光辐射和风、霜、雨、雪的侵蚀，承受外部荷载以及自身重量。

6）门和窗

门和窗是房屋的围护构件。门主要供人们出入通行。窗主要供室内采光、通风、眺望之用。同时，门窗还具有分隔和围护作用。

（2）单层工业厂房构造组成

1）承重结构

单层厂房承重结构有墙承重结构和骨架承重结构两种类型。如图 1-66 所示，是典型的装配式钢筋混凝土排架结构的单层厂房，它包括横向排架、纵向连系构件和支撑系统等承重构件。

2）围护结构

单层厂房的外围护结构包括外墙、屋顶、地面、门窗、天

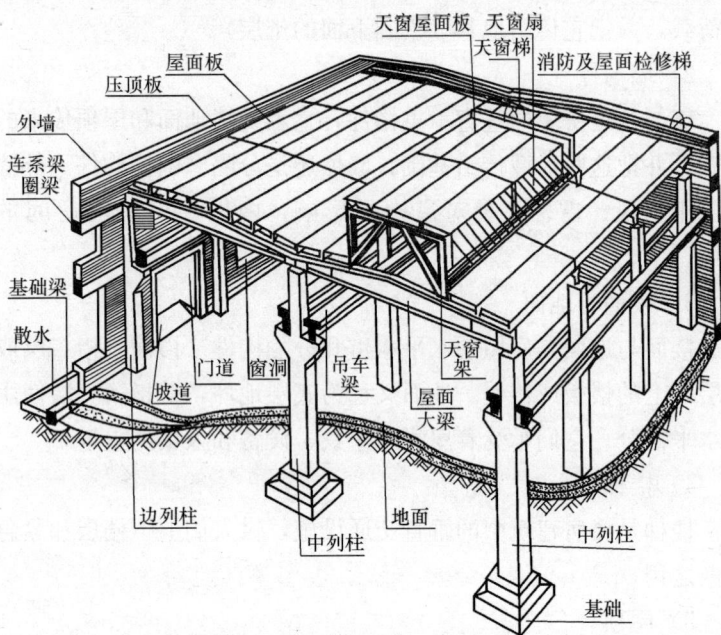

图 1-66 装配式钢筋混凝土结构的单层厂房构件组成

窗等。

3）其他

如散水、地沟（明沟或暗沟）、坡道、吊车梯、室外消防梯、内部隔墙、作业梯、检修梯等。

（3）房屋施工图的组成

1）建筑工程建造程序

每一项建筑工程的建造都要经过下列程序：编制工程设计任务书→选择建设用地→场地勘测→设计→施工→设备安装→工程验收→交付使用和回访总结。其中设计工作是重要环节，具有较强的政策性和综合性。

2）施工图组成

一套完整的施工图通常有：建筑施工图、结构施工图、给水排水施工图、采暖通风施工图和电气施工图等。

① 建筑施工图。

建筑施工图，简称建施，主要表达建筑物的外部形状、内部布置、装饰构造、施工要求等，主要有首页图、建筑总平面图、平面图、立面图、剖面图以及墙身、楼梯、门、窗详图等。

② 结构施工图。

结构施工图，简称结施，主要表达承重结构的构件类型、布置情况以及构造做法等，主要有基础平面图、基础详图、楼层及屋盖结构平面图、楼梯结构图和梁、柱、板等构件的结构详图等。

③ 设备施工图。

设备施工图，简称设施，主要表达房屋各专用管线和设备布置及构造等情况，主要有给水排水、采暖通风、电气照明等设备的平面布置图、系统图和施工详图。

3）施工图编排顺序

一栋房屋的全套施工图的编排顺序是：图纸目录、建筑设计总说明、总平面图、建施、结施、水施、暖施、电施。各专业施工图的编排顺序是全局性的在前，局部性的在后；先施工的在前，后施工的在后；重要的在前，次要的在后。

（4）房屋施工图的特点

房屋施工图一般按三维正投影图的形成原理，用缩小比例来绘制。

（5）房屋施工图的有关规定

房屋施工图应当严格按照《建筑制图标准》（GB/T 50104）、《房屋建筑制图统一标准》（GB/T 50001）、《总图制图标准》（GB/T 50103）等规范标准绘制。

1）图线

通常情况下，剖切面的截交线和房屋立面图中的外轮廓线用粗实线，次要的轮廓线用中粗线，其他线一律用细线；可见部分用实线，不可见部分用虚线。

2）定位轴线及编号

在建筑工程施工图中，凡是主要的承重构件（如墙、柱、梁）的位置都要用轴线来定位。

定位轴线用细单点长画线绘制。

轴线编号应写在轴线端部的圆圈内，圆圈的圆心应在轴线的延长线上或延长线的折线上。

横向编号应用阿拉伯数字标写，从左至右按顺序编号；纵向编号应用大写拉丁字母，从前至后按顺序编号。拉丁字母中的I、O、Z不能用于轴线号，以避免与1、0、2混淆。除了标注主要轴线之外，还可以标注附加轴线。附加轴线编号用分数表示。两根轴线之间的附加轴线，以分母表示前一根轴线的编号，分子表示附加轴线的编号。通用详图的定位轴线只画圆圈，不标注轴线号。

3）尺寸

施工图纸除了画出建筑物及其各部分的形状外，还必须准确、详尽和清晰合理地标注尺寸，以表达形状和大小，作为施工时的依据。尺寸的内容包括数字和单位两部分。尺寸标注由尺寸线、尺寸界线、尺寸起止点（45°短线或箭头）和尺寸数字四部分组成，如图1-67所示。

《建筑制图标准》规定，尺寸单位除总平面图和标高以米（m）为单位外，其余均以毫米（mm）为单位。

4）标高

建筑物各部分的高度用标高表示。标高分绝对标高和相对标高两种。

绝对标高，是以海平面为零点计算的。我国是把青岛的黄海平均海平面定为绝对标高的零点，其他各地标高都以它为基础。

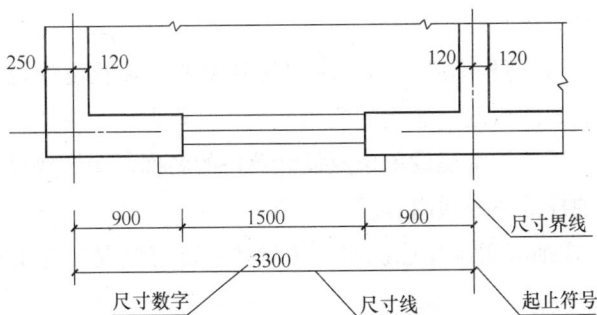

图 1-67　尺寸组成

相对标高，一般设计图上都采用相对标高来代替绝对标高。通常把室内首层地面标高定为相对标高的零点，写作"±0.000"。高于它的为正，但一般不注"＋"符号，低于它的为负，必须注明符号"－"。各种设计图上的标高注法如图 1-68 所示。

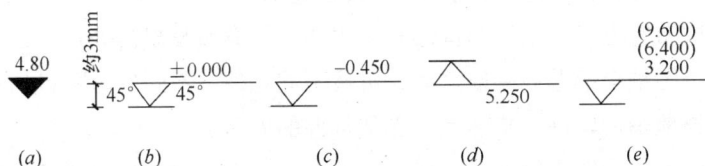

图 1-68　符号及标高数字的注写

1.6.2　识读图纸方法

（1）读图方法

看图的基本方法是：由外向里看，由大到小看，由粗向细看，图纸与说明互相看，建筑施工图与结构施工图对着看。此外，根据不同的读图目的和习惯，还有一些方法：如读图与笔记相结合；读图与计算相结合；选择重点详细读；对照现场情况读等。

（2）读图步骤

1）不论何种图纸，第一步要先看图纸目录及设计说明，了解工程的大致概况、建筑的使用性质、规模大小、主体结构形式等，同时还要了解建设单位及设计单位的名称、图纸数目、图纸中选用的标准图等项内容。

2）详细阅读设计总说明，初步熟悉建筑概况和施工技术要求等。

3）详细阅读总平面图，熟悉建筑物的地理位置、周边环境，以及高程、朝向等有关放线定位的技术要求等情况。

4）依次阅读建筑平面图、剖面图、立面图。在阅读过程中随时对照大样图、结构布置图，熟悉建筑的全貌，对整个建筑物有一个总体的了解。

5）阅读结构施工图。将结构布置图和构件详图结合起来读（有时还需再结合建筑施工图、设备施工图对照阅读），熟悉建筑结构布置方案、主体结构形式、主要构件类型及规格等。

图纸全部看完一遍之后，可按不同工种、不同的读图目的有选择地细读，进一步熟悉所必须掌握的内容。

上述读图步骤不是一成不变的，可以根据自己的习惯及具体情况改变读图步骤。如读建筑施工图前，可以先读基础图，然后，按从下到上的顺序读建施平面图、结施平面图、建施剖面图、结施剖面图；也可先读主体结构图，再读基础结构图，最后读建施图、装修图。无论何种方法，只要能较快地、全面地读懂图纸，都是可行的。

（3）读图的注意事项

1）读图要记住重要部位的尺寸。如平面图中房屋开间数量、开间、进深尺寸、总长度、总宽度等关键尺寸；立面图中的室内外高差、窗台标高、房屋总高度、层高、层数、屋架下弦标高等；基础施工图中基础埋深尺寸和基底宽度；主体结构施工图中的各种钢筋混凝土梁、柱、板构件在建筑中的部位、数量、长度、断面尺寸等。

2）注意图纸中的文字说明。图纸上的文字说明是设计意图表现方式之一。许多构造做法、施工要求等都是通过文字说明表述的，读图时必须结合文字说明才能全面理解设计意图。

3）注意把图纸上有关资料和数字互相进行核对。如建施图与总平面图的尺寸是否一致；建施平面图与结施平面图的轴线尺寸是否一致；平面图与立面剖面图上的相关尺寸是否一致；设备施工图与建施、结施图的尺寸是否一致等。若发现问题，应做好记录，尽快与有关人员联系解决。

4）读图时，不能随便修改图纸。对模糊的、不清楚的甚至有问题的地方，都不能按自己的设想修改图纸。工程图上的所有问题，都只能通过正常渠道与设计人联系解决。

5）读土建施工图（建施、结施）时要注意三个结合：与水、电、暖、卫等设备安装图相结合；与室外工程相结合（环境施工、室外管线施工等）；与施工技术条件相结合。读图时要考虑到水、电、暖、卫等设备安装问题，考虑到室外工程施工的问题，考虑到施工方法、材料供应、施工设备等现有施工条件是否满足工程要求的问题。

1.6.3 建筑施工图

（1）总平面图

1）总平面图的用途

总平面图表达建筑工程的总体布局。主要表示原有和新建建筑物的位置、标高以及道路、管线、构筑物的布置、地形地貌等情况。总平面图也是作为新建房屋的定位、施工放线、标高控制、土石方施工以及施工总平面布置的依据。

2）总平面图的基本内容

①表明拟建筑建筑物的总体布局。如建筑占地范围；各建筑物、构筑物、地上及地下设施的布置等。

②确定建筑物的平面位置。表明建筑物、构筑物及道路、管网等的坐标，或表明新建建筑物与原有建筑的相互关系。

③表明建筑物的标高。包括建筑物室内室外的标高，室外道路的标高，地面坡度及雨水排除方向。

④表明建筑的朝向。通常用指北针表示建筑物的朝向，有时还用风向频率玫瑰图表明当地的主导风向。

⑤表明水、暖、电、卫设施的室外布置。

⑥表明室外环境绿化布置。

3）读图要点

①了解比例，熟悉图例，阅读文字说明。

常用的建筑总平面图图例符号见表1-4。

常用建筑总平面图图例符号　　　　　　表 1-4

名　　称	图　　例	说　　明
新建的建筑物	8 ▲	1. 需要时可用 ▲ 表示出入口，可在图形内用数字或点表示层数 2. 用粗实线表示
原有的建筑物		用细实线表示
计划扩建的预留地或建筑物		用中粗虚线表示
拆除的建筑物	×　　× ×　　×	用细实线表示

名　称	图　例	说　明
坐标	X115.00 Y300.00	表示测量坐标
	A135.50 B255.75	表示建筑坐标
围墙及大门		表示实体性质的围墙
		表示通透性质的围墙
新建的道路	45.00　-5-　R8 50.00	"R8"表示转弯半径为 8m；"50.00"表示路面中心点标高；5 表示 5%，为纵向坡度；"45.00"表示边坡点间距离
原有的道路		
计划扩建的道路		
拆除的道路		
桥梁		表示铁路桥
		表示公路桥

名　称	图　例	说　明
护坡		边坡较长时，可在一端或两端局部表示，下边线为虚线时，表示填方
填挖边坡		

② 了解工程占地范围，地形、地物、地貌、周边环境及绿化情况。

③ 明确新建建筑物的位置，与周边原有建筑物、道路、环境等相互关系；明确建筑物平面定位及高程定位的依据，明确室外场地整平标高。

④ 了解水、暖、电源及各种管线引入的位置及方向。

(2) 平面图

1) 平面图的用途

假想用一水平的剖切面，沿门窗洞口将房屋剖切后进行水平投影所得到的水平剖面图，叫做平面图。它反映出房屋的平面形状、大小和布置、门窗类型及尺寸等内容，是施工放线、砌墙、安装门窗、室内装修、编制预算、备料的重要依据。

2) 平面图的组成及内容

① 反映房屋的平面形状、内部布置及房间组成。一般房屋有几层就画出几个平面图，若房屋有几层是一样的，可画一标准层平面图即可。在各层平面图中表明主要房间及门厅入口、楼梯间及其辅助用房的相互关系，注明房间名称或编号。

② 标注平面尺寸，用定位轴线和尺寸线标注平面各部分的长度和准确的位置。平面图的尺寸标注为：

a. 外部尺寸

一般注写三道：

外包尺寸，它包括建筑物的总长度和总宽度。

轴线尺寸，它表示轴线间的距离，反映出建筑物的开间和进深尺寸。房屋的开间是指横向轴线间距离的大小，进深是指纵向轴线间距的大小。

细部尺寸，它表明外墙各细部的位置和大小、门窗洞口、墙垛等细部尺寸。

b. 内部尺寸与标注

表明室内房间净空尺寸、内墙与轴线的关系尺寸、门窗洞、孔洞槽、墙厚等的大小尺寸和位置。

③ 反映出房屋的结构性质和主要建筑材料。

④ 标注各层地面标高。如底层室内地面标高定为"±0.000"，其他各层地面标高、房间、阳台和室内外的高差、坡度都有相应的标注。

⑤ 表明门窗编号和门的开启方向。

⑥ 表明剖切面的平面位置及剖切方向，标注详图索引号和标准构配件的索引号及其编号。

⑦ 表明室内装修做法。

⑧ 设计施工说明。包括施工要求，各部分的材料做法等文字说明。

3）读图要点

① 底层平面图是重点。底层平面图绘制最详细，标注也最齐全。其余各层图中，与底层相同的内容往往较为简略，因此，读图时，应先读懂底层图。读楼层平面图时，随时对照底层图阅读。

② 结合详图阅读。因平面图比例较小，许多部位都另配有详图（如楼梯、卫生间等），读图时，要结合详图阅读。

③ 要掌握主要尺寸数据。读图时，要做好记录，掌握一些尺寸数据。如房屋的长、宽尺寸、墙体的厚度尺寸、门窗洞口的定型定位尺寸等。

（3）立面图

1）立面图的用途

立面图反映房屋的外貌和立面的装修做法，主要为室外装修用。房屋的各个立面均画有立面图，各立面的名称，按该立面两端位轴线的编号标注，如Ⓐ～Ⓗ立面图、①～⑧立面图。

2）立面图的基本内容

① 表明建筑物的外形、门窗、台阶、勒脚、烟道、落管水、雨篷等的位置。

② 标明房屋的竖向尺寸。一般都用标高标注其竖向层高度、外墙上各层的洞口高度房屋的总高度以及底层室内外高差。

③ 表明外墙粉刷的材料及构造做法，饰面分格等。

许多立面图上还有文字说明或表格，说明其细部构造做法。

3）读图要点

① 明确立面图的竖向尺寸。立面图中竖向尺寸均用标高表示。要明确标高的零点位置，楼层间的尺寸要用标高换算，读图时，要大致算一算，以明确各楼层间的尺寸关系。

② 明确各立面的装修做法。一般建筑正立面是装修的重点，其余各面与之有差别，读图时，要分别读各立面的装修做法。

（4）剖面图

1）剖面图的用途

剖面图是反映建筑物空间形式、结构体系、建筑高度及内部分层情况、房屋内部构造以及构配件做法的图。

2）剖面图的基本内容

① 表示建筑物各层各部位的高度。在剖面图中用标高和尺寸线标注建筑物的总高、室内外高差，门窗、檐口等处的高度。

② 标注梁、板、墙、柱等构件的相互关系和结构形式。

③ 标注楼地面、屋顶、顶棚及内墙粉刷等构造做法。

3）读图要点

① 要注意房屋平、立、剖三者之间的关系。平面图、立面图上的一些内容常在剖面图中也有表示，读剖面图时，要对照平面图、立面图阅读，明确三者之间的关系。

② 注意建筑标高和结构标高的差别。建筑施工图中的标高为"建筑标高"，结构施工图中的标高为"结构标高"，建筑标高是标注在建筑已完成后的表面标高，而结构标高则标注在施工过程中结构构件的安装高度（顶面或底面）。两者之间有一定的差别，如层高的标注，建筑标高是指楼面面层已做好后的表面高度，而结构标高则是指结构安装后的板面（或板底）的高度。两者差数即为面层的厚度。

1.6.4　结构施工图

结构施工图是表示建筑物的各承重构件（如基础、承墙、梁、板、柱等）的布置、形状、大小、材料做法、构造及其相互关系和结构形式的图纸。结构施工图是建筑施工的技依据。

（1）结构施工图的主要内容

1）结构设计说明

2）结构平面布置图

包括基础平面图、楼层结构平面布置图、屋顶结构平面布置图。

3）构件详图

包括基础详图，梁、板、柱结构详图，楼梯结构详图，屋架结构详图和其他结构详图等。

4）其他

文字说明、构件数量表和材料用量表。

（2）基础图的识读

基础图包括基础平面图和基础详图，是相对标高±0.000以下的结构图，主要供放灰线、基槽（坑）挖土及基础施工时使用。

　　1）基础平面图的识读

　　基础平面图是假设在建筑物的底层室内地面下方用一个水平剖切面剖切，并移去上面部分后向下看切面下方各构件所得到的水平面。它只反映建筑物室内地面以下基础部分的平面布置。图1-69所示为某建筑基础平面图。

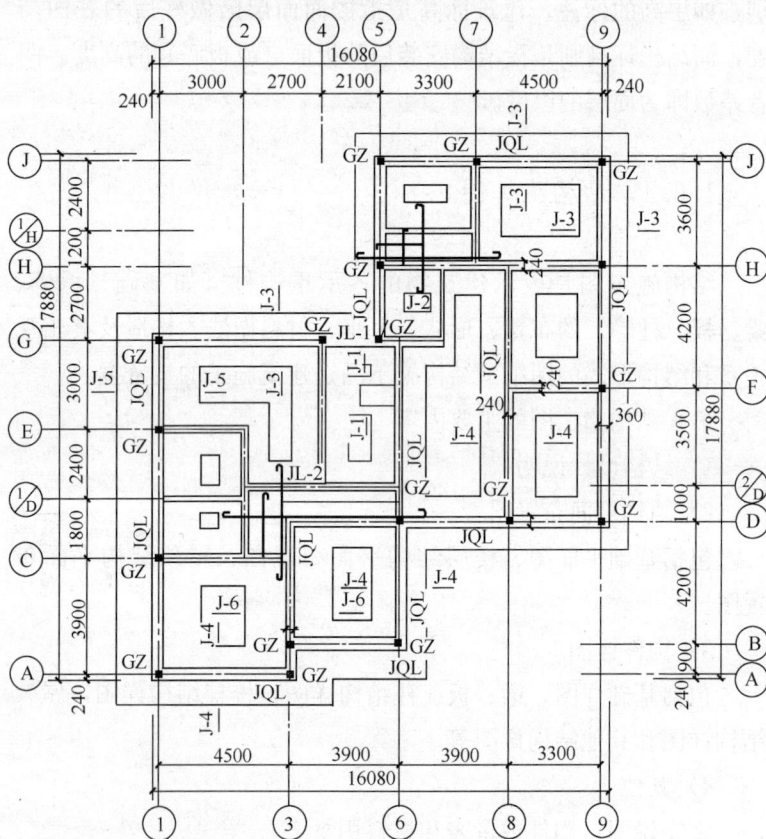

图1-69　某建筑基础平面图

① 基础平面图主要表示以下内容：

a. 基础平面布置。

b. 定位轴线及其编号、轴线尺寸、基础轮廓线尺寸与轴线的关系。

c. 剖切线位置及其编号。

d. 预留沟槽、孔洞位置及尺寸，以及设备基础的位置及尺寸。

e. 施工说明。

在基础平面图中画出基础墙、基础底面轮廓线，基础的其他可见轮廓线一般省略不画，其细部形状用基础详图表达。在基础平面图中，用中实线表示剖切的基础墙墙身，细实线表示基础底面轮廓线，粗虚线（单线）表示不可见的基础梁，粗实线表示可见的基础梁。

②阅读基础平面图应注意了解以下内容：

a. 定位轴线编号、尺寸，必须与建筑平面图完全一致。

b. 注意基础形式，了解其轮廓线尺寸与轴线的关系。当为独立基础时，应注意基础和基础梁的编号。

c. 看清基础梁的位置、形状。

d. 通过剖切线的位置及编号，了解基础详图的种类及位置，掌握基础变化的连续性。

e. 了解预留沟槽、孔洞的位置及尺寸。有设备基础时，还应了解其位置、尺寸。

2）基础详图的识读

在基础的某一处竖向剖切基础所得到的剖面图称为基础详图。

基础详图基本内容包括剖面图轴线以及各部位详细尺寸，室内外标高及基础埋置深度，基础断面形状、材料、配筋、施工说明等。

先将基础详图的图名与基础平面图对照，确定其位置。断面图中一般标有材料图例，可了解基础使用的材料。了解基础墙厚、大放脚尺寸、基础底宽尺寸以及它们与轴线的相对位置关系。了解基础埋置深度。

阅读基础详图时应注意了解的基本内容有如下几项：

① 基础的断面尺寸、构造做法和所用的材料；

② 基底标高、垫层的做法，防潮层的位置及做法；

③ 预留沟槽、孔洞的标高，断面尺寸及位置等。

结构设计说明应了解主要设计依据，如±0.000 相对的绝对标高，地基承载力，地震设防烈度，构造柱、圈梁的设计变化，材料的标号，预制构件统计表，验槽及施工要求等。

（3）楼层结构平面布置图及剖面图

楼层结构的类型很多，一般常见的分为预制楼层、现浇楼层以及现浇和预制各占一部分的楼层。

1）预制楼层结构平面布置图和剖面图

通常为安装预制梁、板等预制构件时使用。

预制楼层结构平面图主要表示楼层各种预制构件的名称、编号、相对位置、数量、定位尺寸及其与墙体的关系等。预制楼层的剖面图主要表示梁、板、墙、圈梁之间的搭接关系和构造处理。阅读时应与建筑平面图及墙身剖面图配合阅读。

2）现浇楼层结构平面布置图及剖面图

阅读图纸时同样应与相应的建筑平面图及墙身剖面图配合阅读。

现浇楼层结构平面布置图及剖面图，通常为现场支模板、浇筑混凝土、制作梁板等时使用。主要包括平面布置、剖面、钢筋表和文字说明。图上主要标注轴线编号、轴线尺寸、梁的布置和编号、板的厚度和标高、配筋情况以及梁、楼板、墙体之间的关系等。

（4）构件及节点详图

1）构件详图，表明构件的详细构造做法。

2）节点详图，表明构件间连接处的详细构造和做法。

构、配件和节点详图可分为非标准的和标准的两类。按照统一标准的设计原则，通常将量大面广的构配件和节点设计成标准构配件和节点，绘制成标准详图，便于批量生产，共同使用，这是标准的。非标准的一般根据每个工程的具体情况，单独进行设计、绘制成图。

2 起重吊装

起重吊装作业是设备、设施安装拆卸过程中重要的环节。对于不同的设备、设施，在运输和安装过程中，必须使用适当的起重吊装运输机具，采用相应的起重吊装运输方法。

起重吊装是把所要安装的设备、设施，用起重设备或人工方法将其吊运至预定安装的位置上的过程。

2.1 吊点的选择

2.1.1 物体重量的计算

物体的重量是由物体的体积和它本身的材料密度所决定的，我们平常所说的物体的重量近似物体的质量，质量单位为千克（公斤），单位符号 kg。为了正确计算物体的质量，必须掌握物体体积的计算方法和各种材料密度等有关知识。

（1）长度的计量单位

工程上常用的长度基本单位是毫米（mm）、厘米（cm）和米（m）。它们之间的换算关系是 1m＝100cm＝1000mm。

（2）面积的计算

物体体积的大小与它本身截面积的大小成正比。各种规则几何图形的面积计算公式见表 2-1。

名　称	图　形	面积计算公式
正方形		$S = a^2$
长方形		$S = ab$
平行四边形		$S = ah$
三角形		$S = \dfrac{1}{2}ah$
梯形		$S = \dfrac{(a+b)h}{2}$
圆形		$S = \dfrac{\pi}{4}d^2$ （或 $S = \pi R^2$） 式中　d—圆直径；R—圆半径
圆环形		$S = \dfrac{\pi}{4}(D^2 - d^2) = \pi(R^2 - r^2)$ 式中　d、D——分别为内、外圆环直径； r、R——分别为内、外圆环半径

名　　称	图　　形	面积计算公式
扇形		$S = \dfrac{\pi R^2 \alpha}{360}$ 式中　α——圆心角（度）

（3）体积的计算

物体的体积大体可分两类：即具有标准几何形体的和由若干规则几何体组成的复杂形体两种。对于简单规则的几何形体的体积计算可直接由表 2-2 中的计算公式查取；对于复杂的物体体积，可将其分解成数个规则的或近似的几何形体，查表 2-2 按相应计算公式计算并求其体积的总和。

各种几何形体体积计算公式表　　　　　　　　表 2-2

名　称	图　形	公　式
立方体		$V = a^3$
长方体		$V = abc$
圆柱体		$V = \dfrac{\pi}{4} d^2 h = \pi R^2 h$ 式中　R——半径

名　称	图　形	公　式
空心圆柱体		$V = \dfrac{\pi}{4} (D^2 - d^2) h$ $\qquad = \pi (R^2 - r^2) h$ 式中　r、R——内、外半径
斜截圆柱体		$V = \dfrac{\pi}{4} d^2 \dfrac{(h_1 + h)}{2}$ $\qquad = \pi R^2 \dfrac{(h_1 + h)}{2}$ 式中　R——半径
球体		$V = \dfrac{4}{3} \pi R^3 = \dfrac{1}{6} \pi d^3$ 式中　R——底圆半径 　　　d——底圆直径
圆锥体		$V = \dfrac{1}{12} \pi d^2 h = \dfrac{\pi}{3} R^2 h$ 式中　R——底圆半径 　　　d——底圆直径
三棱体		$V = \dfrac{1}{2} bhl$ 式中　b——边长 　　　h——高 　　　l——三棱体长

名　称	图　形	公　式
锥台		$V = \dfrac{h}{6} \times [(2a+a_1)b+(2a_1+a)b_1]$ 式中　a、a_1——上下边长 　　　b、b_1——上下边宽 　　　　h——高
正六角棱柱体		$V = \dfrac{3\sqrt{3}}{2}b^2h$ $V = 2.598b^2h = 2.6b^2h$ 式中　b——底边长

（4）重量的计算

计算物体重量时，离不开物体材料的密度，所谓密度是指由一种物质组成的物体的单位体积内所具有的质量，其单位是 kg/m^3。

物体的质量可根据下式计算：

$$物体的质量＝物体的密度×物体的体积$$

$$m = \rho \cdot V \tag{2-1}$$

式中　m——物体的质量，kg；

　　　ρ——物体的材料密度，kg/m^3；

　　　V——物体的体积，m^3。

2.1.2　重心

（1）重心的概念

重心是物体所受重力的合力的作用点，物体的重心位置由物体的几何形状和物体各部分的质量分布情况来决定。质量分布均匀、形状规则的物体的重心在其几何中点。物体的重心可能在物体的形体之内，也可能在物体的形体之外。

1) 物体的形状改变，其重心位置可能不变。如一个质量分布均匀的立方体，其重心位于几何中心。当该立方体变为一长方体后，其重心仍然在其几何中心；当一杯水倒入一个弯曲的玻璃管中，其重心就发生了变化。

2) 物体的重心相对物体的位置是一定的，它不会随物体放置的位置改变而改变。

（2）重心的确定

1) 材质均匀、形状规则的物体的重心位置容易确定，如均匀的直棒，它的重心在它的中心点上，均匀球体的重心就是它的球心，直圆柱的重心在它的圆柱轴线的中点上。

2) 对形状复杂的物体，可以用悬挂法求出它们的重心。如图 2-2 所示，方法是在物体上任意找一点 A，用绳子把它悬挂起来，物体的重力和悬索的拉力必定在同一条直线上，也就是重心必定在通过 A 点所作的竖直线 AD 上；再取任一点 B，同样把物体悬挂起来，重心必定在通过 B 点的竖直线 BE。这两条直线的交点，就是该物体的重心。

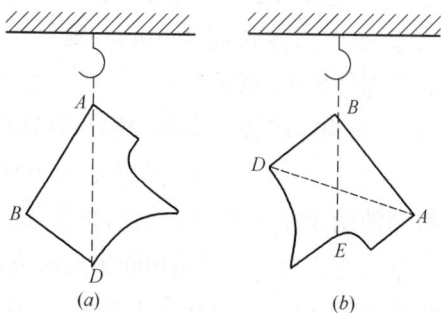

图 2-1　悬挂法求形状不规则物体的重心

2.1.3 吊点的选择

(1) 吊点选择的一般原则

在起重作业中，应当根据被吊物体来选择吊点，吊点选择不当就会造成绳索受力不均，甚至发生被吊物体转动、倾翻的危险。吊点的选择，一般按下列原则进行：

1) 吊运各种设备、构件时要用原设计的吊耳或吊环；

2) 吊运各种设备、构件，如果没有吊耳或吊环，可在设备四个端点上捆绑吊索，然后根据设备具体情况，选择吊点，使吊点与重心在同一条垂线上。但有些设备未设吊耳或吊环，如各种罐类以及重要设备，往往有吊点标记，应仔细检查；

3) 吊运方形物体时，四根绳应拴在物体的四边对称点上。

(2) 细长物体吊点位置的确定方法

吊装细长物体时，如桩、钢筋、钢柱、钢梁杆件，应按计算确定的吊点位置绑扎绳索，吊点位置的确定有以下几种情况：

1) 一个吊点：起吊点位置应设在距起吊端 $0.3L$（L 为物体的长度）处。如钢管长度为 10m，则捆绑位置应设在钢管起吊端距端部 $10 \times 0.3m = 3m$ 处，如图 2-2（a）所示。

2) 两个吊点：如起吊用两个吊点，则两个吊点应分别距物体两端 $0.21L$ 处。如果物体长度为 10m，则吊点位置为 $10 \times 0.21m = 2.1m$，如图 2-2（b）所示。

3) 三个吊点：如物体较长，为减少起吊时物体所产生的应力，可采用三个吊点。三个吊点位置确定的方法是，首先用 $0.13L$ 确定出两端的两个吊点位置，然后把两吊点间的距离等分，即得第三个吊点的位置，也就是中间吊点的位置。如杆件长 10m，则两端吊点位置为 $10 \times 0.13m = 1.3m$，如图 2-2（c）所示。

4) 四个吊点：选择四个吊点，首先用 $0.095L$ 确定出两端

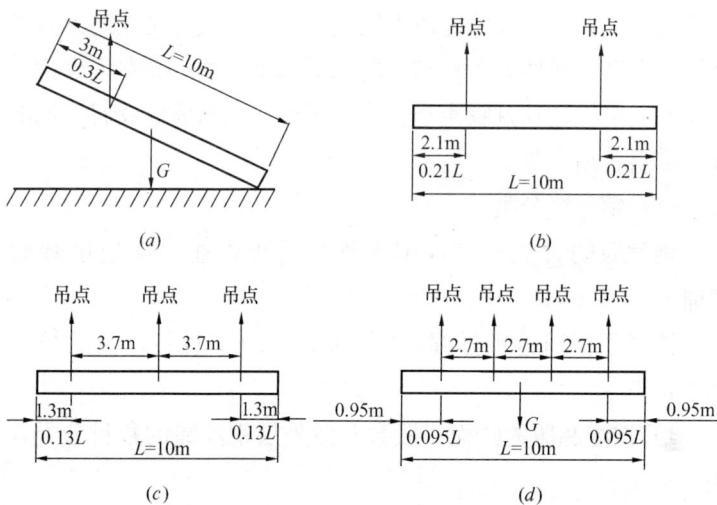

图 2-2　吊点位置选择示意图

(a) 单个吊点；(b) 两个吊点；(c) 三个吊点；(d) 四个吊点

的两个吊点位置，然后再把两吊点间的距离进行三等分，即得中间两吊点位置。如杆件长 10m，则两端吊点位置分别距两端 10×0.095m＝0.95m，中间两吊点位置分别距两端 10×0.095＋10×(1-0.095×2)/3，如图 2-2 (d) 所示。

2.2　常用起重吊具索具

起重吊装作业中要使用许多辅助工具，如钢丝绳、吊索、吊钩、滑轮组等。

2.2.1　钢丝绳

钢丝绳是起重作业中必备的重要部件。钢丝绳通常由多根钢丝捻成绳股，再由多股绳股围绕绳芯捻制而成。钢丝绳具有强度高、自重轻、弹性大等特点，能承受振动荷载，能卷绕成盘，能在高速下平稳运动且噪声小，广泛用于捆绑物体以及起重机的起升、牵引、缆风等。

（1）钢丝绳分类

钢丝绳的种类较多，施工现场起重作业一般使用圆股钢丝绳。

按《重要用途钢丝绳》GB 8918—2006 规定，钢丝绳分类如下：

1）按绳和股的断面、股数和股外层钢丝绳的数目分类，见表 2-3。

施工现场常见钢丝绳的断面如图 2-3、图 2-4 所示。

2）钢丝绳按捻法，分为右交互捻（ZS）、左交互捻（SZ）、右同向捻（ZZ）和左同向捻（SS）四种，如图 2-5 所示。

3）钢丝绳按绳芯不同，分为纤维芯和钢芯。纤维芯钢丝绳比较柔软，易弯曲，纤维芯可浸油作润滑、防锈，减少钢丝间的摩擦；金属芯的钢丝绳耐高温度、耐重压，硬度大、不易弯曲。

（2）钢丝绳标记

根据《钢丝绳 术语、标记和分类》GB/T 8706—2006 规定，钢丝绳的标记格式如图 2-6 所示。

（3）钢丝绳选用

选用钢丝绳时应遵循下列原则：

1）所用钢丝绳长度应满足起重机的使用要求，并且在卷筒上的终端位置应至少保留三圈钢丝绳。

2）应遵守起重机手册和由钢丝绳制造商给出的使用说明书中的规定，并必须有产品检验合格证。

3）能承受所要求的拉力，保证足够的安全系数。

4）能保证钢丝绳受力不发生扭转。

表 2-3

钢丝绳分类

组别		类别	分类原则	典型结构		直径范围 (mm)
				钢丝绳	股绳	
1		6×7	6个圆股，每股外层丝可到 7 根，中心丝（或无）外捻制 1~2 层钢丝，钢丝等捻距	6×7	(6+1)	2~36
				6×9W	(3/3+3)	14~36
2	圆股钢丝绳	6×19(a)	6个圆股，每股外层丝可到 8~12 根，中心丝外捻制 2~3 层钢丝，钢丝等捻距	6×19S	(9+9+1)	6~36
				6×19W	(6/6+6+1)	6~41
				6×25Fi	(12+6F+6+1)	14~44
				6×26SW	(10+5/5+5+1)	13~40
				6×31SW	(12+6/6+6+1)	12~46
		6×19(b)	6个圆股，每股外层丝 12 根，中心丝外捻制 2 层钢丝	6×19	(12+6+1)	3~46
3		6×37(a)	6个圆股，每股外层丝可到 14~18 根，中心丝外捻制 3~4 层钢丝，钢丝等捻距	6×29Fi	(14+7F+7+1)	10~44
				6×36SW	(14+7/7+7+1)	12~60
				6×37S(点线接触)	(15+15+6+1)	10~60
				6×41SW	(16+8/8+8+1)	32~60
				6×49SWS	(16+8/8+8+1)	36~60
				6×55SWS	(18+9/9+9+9+1)	36~64
		6×37(b)	6个圆股，每股外层丝 8 根，中心丝外捻制 3 层钢丝	6×37	(18+12+6+1)	5~66

续表

组别	类别	分类原则	典型结构		直径范围 (mm)
			钢丝绳	股绳	
4	8×19	8个圆股，每股外层丝可到 8~12 根，中心丝外捻制 2~3 层钢丝，钢丝等捻距	8×19S	(9+9+1)	11~44
			8×19W	(6/6+6+1)	10~48
			8×25Fi	(12+6F+6+1)	18~52
			8×26SW	(10+5/5+6+1)	16~48
			8×31SW	(12+6/6+6+1)	14~56
5	8×37	8个圆股，每股外层丝可到 14~18 根，中心丝外捻制 3~4 层钢丝，钢丝等捻距	8×36SW	(14+7/7+7+1)	14~60
			8×41SW	(16+8/8+8+1)	40~56
			8×49SWS	(16+8/8+8+8+1)	44~64
			8×55SWS	(16+9/9+9+9+1)	44~4
6	17×7	钢丝绳中有 17 个或 18 个圆股，在纤维芯或钢芯外捻制 2 层股	17×7	(6+1)	6~44
			18×7	(6+1)	6~44
			18×19W	(6/6+6+1)	14~44
			18×19S	(9+9+1)	14~44
			18×19	(12+6+1)	10~44
7	34×7	钢丝绳中有 34 个或 36 个圆股，在纤维芯或钢芯外捻制 3 层股	34×7	(6+1)	16~44
			36×7	(6+1)	16~44
8	6×24	6个圆股，每股外层丝 12~16 根，在纤维芯外捻制 2 层股	6×24	(15+9+FC)	8~40
			6×24S	(12+12+FC)	10~44
			6×24W	(8/8+8+FC)	10~44

圆股钢丝绳

98

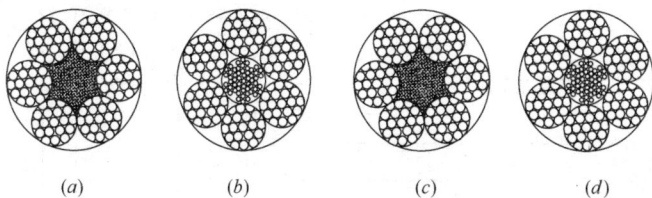

图 2-3　6×19 钢丝绳断面图

(a) 6×19S+FC；(b) 6×19S+IWR；(c) 6×19W+FC；

(d) 6×19W+IWR

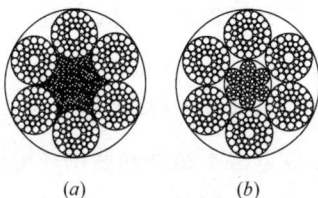

图 2-4　6×37S 钢丝绳断面图

(a) 6×37S+FC；(b) 6×37S+IWR

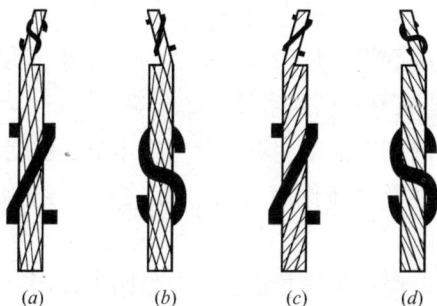

图 2-5　钢丝绳按捻法分类

(a) 右交互捻；(b) 左交互捻；(c) 右同向捻；(d) 左同向捻

5) 耐疲劳，能承受反复弯曲和振动作用。

6) 有较好的耐磨性能。

7) 与使用环境相适应。

```
22  6×36WS–IWRC 1770 B SZ
32  18×19S–WSC  1960 U SZ
95  1×27        1570 B  Z
```

(a) 尺寸 ——————————————

(b) 钢丝绳结构 ——————————

(c) 芯结构 ————————————

(d) 钢丝绳级别 ——————————

(e) 钢丝绳表面状态 ——————

(f) 捻制类型及方向 —————

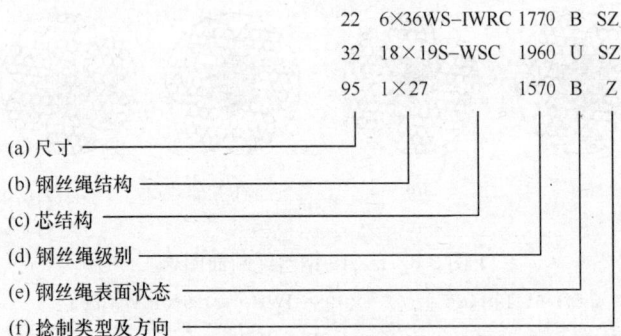

图 2-6　钢丝绳的标记示例

（4）安全系数

在钢丝绳受力计算和选择钢丝绳时，考虑到钢丝绳受力不均、负荷不准确、计算方法不精确和使用环境较复杂等一系列不利因素，应给予钢丝绳一个储备能力。因此，确定钢丝绳的受力时必须考虑一个系数，作为储备能力，这个系数就是选择钢丝绳的安全系数。起重用钢丝绳必须预留足够的安全系数，是基于以下因素确定的：

1）钢丝绳的磨损，疲劳破坏，锈蚀，不恰当使用，尺寸误差，制造质量缺陷等不利因素带来的影响。

2）钢丝绳的固定强度达不到钢丝绳本身的强度。

3）由于惯性及加速作用（如启动、制动、振动等）而造成的附加载荷的作用。

4）由于钢丝绳通过滑轮槽时的摩擦阻力作用。

5）吊重时的超载影响。

6）吊索及吊具的超重影响。

7）钢丝绳在绳槽中反复弯曲而造成的危害的影响。

钢丝绳的安全系数是不可缺少的安全储备，绝不允许凭借这种安全储备而擅自提高钢丝绳的最大允许安全载荷，钢丝绳的安全系数见表 2-4。

钢丝绳的安全系数　表 2-4

用途	安全系数	用途	安全系数
作缆风绳	3.5	作吊索、无弯曲时	6～7
用于手动起重设备	4.5	作捆绑吊索	8～10
用于机动起重设备	5～6	用于载人的升降机	14

（5）钢丝绳的储存

1）装卸运输过程中，应谨慎小心，卷盘或绳卷不允许坠落，也不允许用金属吊钩或叉车的货叉插入钢丝绳。

2）钢丝绳应储存在凉爽、干燥的仓库里，且不应与地面接触。严禁存放在易受化学烟雾、蒸汽或其他腐蚀剂侵袭的场所。

3）储存的钢丝绳应定期检查，如有必要，应对钢丝绳进行包扎。

4）户外储存不可避免时，地面上应垫木方，并用防水毡布等进行覆盖，以免湿气导致锈蚀。

5）储存从起重机上卸下的待用钢丝绳时，应进行彻底的清洁，在储存之前对每一根钢丝绳进行包扎。

6）长度超过 30m 的钢丝绳应在卷盘上储存。

7）为搬运方便，内部绳端应首先被固定到邻近的外圈。

（6）钢丝绳的展开

1）当钢丝绳从卷盘或绳卷展开时，应采取各种措施避免绳的扭转或降低钢丝绳扭转的程度。当由钢丝绳卷直接往起升机构卷筒上缠绕时，应把整卷钢丝绳架在专用的支架上，采取保持张紧呈直线状态的措施，以免在绳内产生结环、扭结或弯曲的状况，如图 2-7 所示。

2）展开时的旋转方向应与起升机构卷筒上绕绳的方向一致；卷筒上绳槽的走向应同钢丝绳的捻向相适应。

3）在钢丝绳展开和重新缠绕过程中，应有效控制卷盘的旋转惯性，使钢丝绳按顺序缓慢的释放或收紧。应避免钢丝绳与污

正确　　　　　　　不正确

正确　　　　　　　不正确

图 2-7　钢丝绳的展开

泥接触，尽可能保持清洁，以防止钢丝绳生锈。

4）切勿由平放在地面的绳卷或卷盘中释放钢丝绳，如图 2-7 所示。

5）钢丝绳严禁与电焊线碰触。

（7）钢丝绳的扎结与截断

在截断钢丝绳时，应按制造厂商的说明书进行。为确保阻旋转钢丝绳的安装无旋紧或是旋松现象，应对其给予特别关注，且任何切断是安全可靠和防止松散的。截断钢丝绳时，要在截分处进行扎结，扎结绕向必须与钢丝绳股的绕向相反，扎结须紧固，以免钢丝绳在断头处松开，如图 2-8 所示。

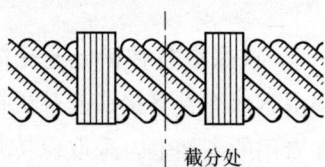

截分处

图 2-8　钢丝绳的扎结与截断

缠扎宽度随钢丝绳直径大小而定，直径为 15～24mm，扎结宽度应不小于 25mm；对直径为 25～30mm 的钢丝绳，其缠扎宽度应不小于 40mm；对于直径为 31～44mm 钢丝绳，其扎结宽度不得小于 50mm；直径为 45～51mm 的钢丝细，扎结长度不得小于 75mm。扎结处与截断口之间的距离应不小于 50mm。

（8）钢丝绳的安装

钢丝绳在安装时，不应随意乱放，亦即转动既不应使之绕进也不应使之绕出。钢丝绳应总是同向弯曲，亦即从卷盘顶端到卷筒的顶端，或从卷盘的底部到卷筒底部处释放均应同向。钢丝绳的使用寿命，在很大程度上取决于安装方式是否正确，因此，要由训练有素的技工细心地进行安装，并应在安装时将钢丝绳涂满润滑脂。

安装钢丝绳时，必须注意检查钢丝绳的捻向。如俯仰变幅动臂式塔式起重机的臂架拉绳捻向必须与臂架变幅绳的捻向相同。起升钢丝绳的捻向必须与起升卷筒上的钢丝绳绕向相反。

如果在安装期间起重机的任何部分对钢丝绳产生摩擦，则接触部位应采取有效地保护措施。

（9）钢丝绳的固定与连接

钢丝绳与卷筒、吊钩滑轮组或起重机结构的连接，应采用起重机制造商规定的钢丝绳端接装置，或经起重机设计人员、钢丝绳制造商或有资格人员的准许的供选方案。

终端固定应确保安全可靠，并且应符合起重机手册的规定。常用的连接和固定方式有以下几种，如图 2-9 所示。

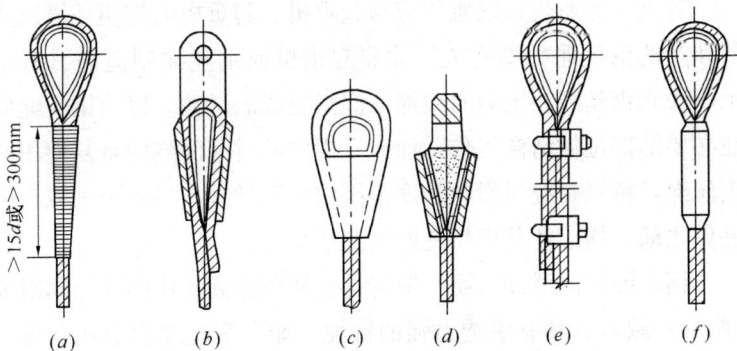

图 2-9　钢丝绳固定与连接

（a）编结连接；（b）楔块、楔套连接；（c）、（d）锥形套浇铸法；

（e）绳夹连接；（f）铝合金套压缩法

1）编结连接，如图 2-9（a）所示，编结长度不应小于钢丝绳直径的 15 倍，且不应小于 300mm；连接强度不小于 75％钢丝绳破断拉力。

2）楔块、楔套连接，如图 2-9（b）所示，钢丝绳一端绕过楔块，利用楔块在套筒内的锁紧作用使钢丝绳固定。固定处的强度约为钢丝绳自身强度的 75％～85％。楔套应用钢材制造，连接强度不小于 75％钢丝绳破断拉力。

3）锥形套浇铸法，如图 2-9（c）、（d）所示，先将钢丝绳拆散，切去绳芯后插入锥套内，再将钢丝绳末端弯成钩状，然后灌入熔融的铅液，经过冷却即成。

4）绳夹连接，如图 2-9（e）所示，绳夹连接简单、可靠，被广泛应用。

5）铝合金套压缩法，如图 2-9（f）所示，钢丝绳末端穿过锥形套筒后松散钢丝，将头部钢丝弯成小钩，浇入金属液凝固而成。其连接应满足相应的工艺要求，固定处的强度与钢丝绳自身的强度大致相同。

（10）钢丝绳的维护

对钢丝绳所进行的维护应与起重机、起重机的使用环境以及所涉及的钢丝绳类型有关。除非起重机或钢丝绳制造商另有指示，否则钢丝绳在安装时应涂以润滑脂或润滑油。以后钢丝绳应在必要的部位做清洗工作，而对有规则的时间间隔内重复使用的钢丝绳，特别是绕过滑轮长度范围内的钢丝绳在显示干燥或锈蚀迹象之前，均应使其保持良好的润滑状态。

钢丝绳的润滑油（脂）应与钢丝绳制造商使用的原始润滑油（脂）一致，且具有渗透力强的特性。如果钢丝绳润滑在起重机手册中不能确定，则用户应征询钢丝绳制造商的建议。

钢丝绳较短的使用寿命源于缺乏维护，尤其是起重机在有腐蚀性的环境中使用，以及由于与操作有关的各种原因，例如在禁止使用钢丝绳润滑剂的场合下使用。针对这种情况，钢丝绳的检验周期应相应缩短。

对钢丝绳定期进行系统润滑，可保证钢丝绳的性能，延长使用寿命。润滑之前，应将钢丝绳表面上积存的污垢和铁锈清除干净，最好是用镀锌钢丝刷将钢丝绳表面刷净。钢丝绳表面越干净，润滑油脂就越容易渗透到钢丝绳内部去，润滑效果就越好。钢丝绳润滑的方法有刷涂法和浸涂法。刷涂法就是人工使用专用的刷子，把加热的润滑脂涂刷在钢丝绳的表面上。浸涂法就是将润滑脂加热到 60℃，然后使钢丝绳通过一组导辊装置被张紧，同时使之缓慢地在容器里的熔融润滑脂中通过。

(11) 钢丝绳的检验检查

由于起重钢丝绳在使用过程中经常、反复地受到拉伸、弯曲，当拉伸、弯曲的次数超过一定数值后，会使钢丝绳出现一种叫做"金属疲劳"的现象，于是钢丝绳开始很快地损坏。同时当钢丝绳受力伸长时钢丝绳之间产生摩擦，绳与滑轮槽底、绳与起吊件之间的摩擦等，使钢丝绳使用一定时间后就会出现磨损、断丝现象。此外，由于使用、贮存不当，也可能造成钢丝绳的扭结、退火、变形、锈蚀、表面硬化、松捻等。钢丝绳在使用期间，一定要按规定进行定期检查，及早发现问题，及时保养或者更换报废，保证钢丝绳的安全使用。

1）检验周期

① 日常外观检验

每个工作日都应尽可能对任何钢丝绳所有可见部位进行观察，并应特别注意钢丝绳在起重机上的连接部位，对发现的损坏、变形等任何可疑变化情况都应报告，并由主管人员按照规范进行检查。

② 定期检验

定期检验应该按规范进行，为确定定期检验的周期，还应考虑如下几点：

　　a. 国家对应用钢丝绳的法规要求。

　　b. 起重机的类型及使用地的工作环境。

　　c. 起重机的工作级别。

　　d. 前期检验结果。

　　e. 钢丝绳已使用的时间。

　　流动式起重机和塔式起重机用钢丝绳至少应按主管人员的决定每月检查一次或数次。根据钢丝绳的使用情况，主管人员有权决定缩短检查的时间间隔。

　　③专项检验

　　a. 专项检验应按规范进行。

　　b. 在钢丝绳和/或其固定端的损坏而引发事故的情况下，或钢丝绳经拆卸又重新安装投入使用前，均应对钢丝绳进行一次检查。

　　c. 如起重机停止工作达 3 个月以上，在重新使用之前应对钢丝绳预先进行检查。

　　d. 根据钢丝绳的使用情况，主管人员有权决定缩短检查的时间间隔。

　　④在合成材料滑轮或带合成材料衬套的金属滑轮上使用的钢丝绳的检验。

　　a. 在纯合成材料或部分采用合成材料制成的或带有合成材料轮衬的金属滑轮上使用的钢丝绳，其外层发现有明显可见的断丝或磨损痕迹时，其内部可能早已产生了大量断丝。在这些情况下，应根据以往的钢丝绳使用记录制定钢丝绳专项检验进度表，其中既要考虑使用中的常规检查结果，又要考虑从使用中撤下的钢丝绳的详细检验记录。

　　b. 应特别注意已出现干燥或润滑剂变质的局部区域。

　　c. 对专用起重设备用钢丝绳的报废标准，应以起重机制造商和钢丝绳制造商之间交换的资料为基础。

d. 根据钢丝绳的使用情况，主管人员有权决定缩短检查的时间间隔。

2）检验部位

钢丝绳应做全长检查，还应特别注意下列各部位：

① 运动绳和固定绳两者的始末端。

② 通过滑轮组或绕过滑轮的绳段。

③ 在起重机重复作业情况下，当起重机在受载状态时的绕过滑轮组的钢丝绳任何部位。

④ 位于平衡滑轮的钢丝绳段。

⑤ 由于外部因素可能引起的磨损的钢丝绳任何部位。

⑥ 产生锈蚀和疲劳的钢丝绳内部。

⑦ 处于热环境的绳段。

⑧ 索具以外的绳端部位。

3）内部检查和外部检查

对钢丝绳不同部位的检查主要分内部检查和外部检查。

① 钢丝绳外部检查

a. 直径检查：直径是钢丝绳极其重要的参数。通过对直径测量，可以反映该绳直径的变化速度、钢丝绳是否受到过较大的冲击载荷、捻制时股绳张力是否均匀一致、绳芯对股绳是否保持了足够的支撑能力。钢丝绳直径应用带有宽钳口的游标卡尺测量。其钳口的宽度要足以跨越两个相邻的股，如图 2-10 所示。

b. 磨损检查：钢丝绳在使用过程中产生磨损现象不可避免。通过对钢丝绳磨损检查，可以反映出钢丝绳与匹配轮槽的接触状况，在无法随时进行性能试验的情况下，根据钢丝磨损程度的大小推测钢丝

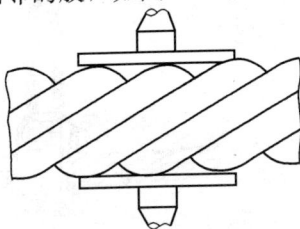

图 2-10　钢丝绳直径测量方法

107

绳实际承载能力。钢丝绳的磨损情况检查主要靠目测。

c. 断丝检查：钢丝绳在投入使用后，肯定会出现断丝现象，尤其是到了使用后期，断丝发展速度会迅速上升。由于钢丝绳在使用过程中不可能一旦出现断丝现象即停止继续运行，因此，通过断丝检查，尤其是对一个捻距内断丝情况检查，不仅可以推测钢丝绳继续承载的能力，而且根据出现断丝根数发展速度，间接预测钢丝绳使用疲劳寿命。钢丝绳的断丝情况检查主要靠目测计数。

d. 润滑检查：通常情况下，新出厂钢丝绳大部分在生产时已经进行了润滑处理，但在使用过程中，润滑油脂会流失减少。鉴于润滑不仅能够对钢丝绳在运输和存储期间起到防腐保护作用，而且能够减少钢丝绳使用过程中钢丝之间、股绳之间和钢丝绳与匹配轮槽之间的摩擦，对延长钢丝绳使用寿命十分有益，因此，为把腐蚀、摩擦对钢丝绳的危害降低到最低程度，进行润滑检查十分必要。钢丝绳的润滑情况检查主要靠目测。

② 钢丝绳内部检查

对钢丝绳进行内部检查要比进行外部检查困难得多，但由于内部损坏（主要由锈蚀和疲劳引起的断丝）隐蔽性更大，因此，为保证钢丝绳安全使用，必须在适当的部位进行内部检查。

如图 2-11 所示，检查时将两个尺寸合适的夹钳相隔 100～200mm 夹在钢丝绳上反方向转动，股绳便会脱开。操作时，必

图 2-11　对一段连续钢丝绳做内部检验（张力为零）

须十分仔细，以避免股绳被过度移位造成永久变形（导致钢丝绳结构破坏）。如图 2-12 所示，小缝隙出现后，用螺钉旋具之类的探针拨动股绳并把妨碍视线的油脂或其他异物拨开，对内部润滑、钢丝锈蚀、钢丝及钢丝间相互运动产生的磨痕等情况进行仔细检查。检查断丝，一定要认真，因为钢丝断头一般不会翘起而不容易被发现。检查完毕后，稍用力转回夹钳，以使股绳完全恢复到原来位置。如果上述过程操作正确，钢丝绳不会变形。对靠近绳端的绳段特别是对固定钢丝绳应加以注意，诸如支持绳或悬挂绳。

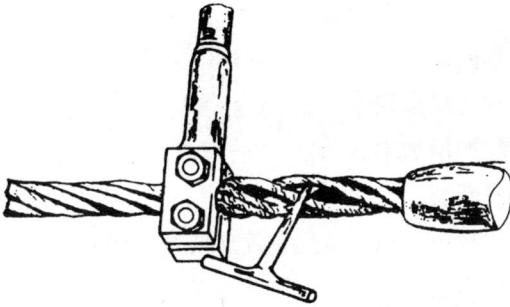

图 2-12　对靠近绳端装置的钢丝绳尾部做内部检验（张力为零）

③ 钢丝绳使用条件检查

前面叙述的检查仅是对钢丝绳本身而言，这只是保证钢丝绳安全使用要求的一个方面。除此之外，还必须对与钢丝绳使用的外围条件——匹配轮槽的表面磨损情况、轮槽几何尺寸及转动灵活性进行检查，以保证钢丝绳在运行过程中与其始终处于良好的接触状态、运行摩擦阻力最小。

4）无损检测

借助电磁技术的无损检测可作为对外观检验的辅助检验，用于确定钢丝绳损坏的区域和程度。拟采用电磁方法以无损检测作为对外观检验的辅助检验时，应在钢丝绳安装之后尽快进行初始的电磁无损检测。

（12）钢丝绳的报废

钢丝绳经过一定时间的使用，其表面的钢丝发生磨损和弯曲疲劳，使钢丝绳表层的钢丝逐渐折断，折断的钢丝数量越多，其他未断的钢丝承担的拉力越大，疲劳与磨损愈甚，促使断丝速度加快，这样便形成恶性循环。当断丝发展到一定程度，保证不了钢丝绳的安全性能，届时钢丝绳不能继续使用，则应予以报废。钢丝绳的报废还应考虑磨损、腐蚀、变形等情况。钢丝绳的报废应考虑以下项目：

1）断丝的性质和数量。

2）绳端断丝。

3）断丝的局部聚集。

4）断丝的增加率。

5）绳股断裂。

6）绳径减小，包括从绳芯损坏所致的情况。

7）弹性降低。

8）外部和内部磨损。

9）外部和内部腐蚀。

10）变形。

11）由于受热或电弧引起的破坏。

12）永久伸长率。

钢丝绳的损坏往往由于多种因素综合累积造成的，国家对钢丝绳的报废有明确的标准，具体标准见附录 A《起重机 钢丝绳保养、维护、安装、检验和报废》GB/T5972—2009。

（13）钢丝绳计算

在施工现场起重作业中，通常会有两种情况，一是已知重物重量选用钢丝绳，二是利用现场钢丝绳起吊一定重量的重物。在允许的拉力范围内使用钢丝绳，是确保钢丝绳使用安全的重要原则。因此，根据现场情况计算钢丝绳的受力，对于选用合适的钢丝绳显得尤为重要。钢丝绳的允许拉力与其最小破断拉力、工作环境下的安全系数相关联。

1）钢丝绳的最小破断拉力

钢丝绳的最小破断拉力与钢丝绳的直径、结构（几股、几丝及芯材）及钢丝的强度有关，是钢丝绳最重要的力学性能参数，其计算公式如下：

$$F_0 = \frac{K'D^2R_0}{1000} \tag{2-2}$$

式中　F_0——钢丝绳最小破断拉力（kN）；

　　　D——钢丝绳公称直径（mm）；

　　　R_0——钢丝绳公称抗拉强度（MPa）；

　　　K'——指定结构钢丝绳最小破断拉力系数。

可以通过查询钢丝绳质量证明书或力学性能表得到该钢丝绳的最小破断拉力。

2）钢丝绳的安全系数

钢丝绳的安全系数可查相关表格选择。

3）钢丝绳的允许拉力

允许拉力是钢丝绳实际工作中所允许的实际载荷，其与钢丝绳的最小破断拉力和安全系数关系式为：

$$[F] = \frac{F_0}{K} \tag{2-3}$$

式中　$[F]$——钢丝绳允许拉力（kN）；

　　　F_0——钢丝绳最小破断拉力（kN）；

　　　K——钢丝绳的安全系数。

在起重作业中，钢丝绳所受的应力很复杂，虽然可用数学公式进行计算，但因实际使用场合下计算时间有限，且也没有必要算得十分精确。因此，人们常用估算法计算：

① 破断拉力

$$Q \approx 50D^2 \qquad (2\text{-}4)$$

② 使用拉力

$$P \approx \frac{50D^2}{K} \qquad (2\text{-}5)$$

式中　Q——公称抗拉强度 1570MPa 时的破断拉力（kg）；

　　　P——钢丝绳使用近似拉力（kg）；

　　　D——钢丝绳直径（mm）；

　　　K——钢丝绳的安全系数。

（14）吊索拉力的计算

施工现场常用二根、三根、四根等多根吊索吊运同一物体，在吊索垂直受力情况下，其安全负荷量原则上是以单根的负荷量分别乘以 2、3 或 4。而实际吊装中，用两根以上吊索吊装，其吊绳间是有夹角的，吊同样重的物件，吊绳间夹角不同，单根吊索所受的拉力是不同的。

一般用若干根钢丝绳吊装某一物体，如图 2-13 所示。要计算钢丝绳的承受力，见式（2-6）：

$$P = \frac{Q}{n} \times \frac{1}{\cos\alpha} \qquad (2\text{-}6)$$

如果以 $K_1 = \dfrac{1}{\cos\alpha}$，公式可以写成：

$$P = K_1 \frac{Q}{n} \qquad (2\text{-}7)$$

式中　P——钢丝绳的承受力；

　　　Q——吊物重量；

　　　n——钢丝绳的根数；

　　　K_1——随钢丝绳与吊垂线夹角 α 变化的系数，见表 2-5。

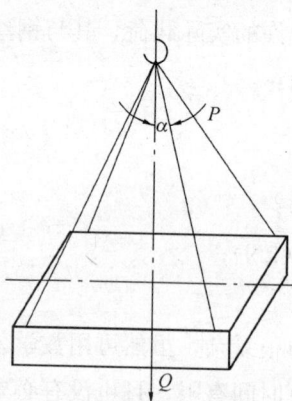

图 2-13　四绳吊装图示

α	0°	15°	20°	25°	30°	35°	40°	45°	50°	55°	60°
K_1	1	1.035	1.06	1.10	1.15	1.22	1.31	1.41	1.56	1.75	2

由公式（2-6）和图 2-14 可知：若重物 Q 和钢丝绳数目 n 一定时，系数的 K_1 越大（α 角越大），钢丝绳承受力也越大。因此，在起重吊装作业中，捆绑钢丝绳时，必须掌握下面的专业知识：

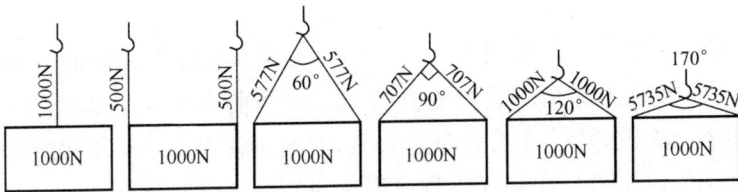

图 2-14　吊索分支拉力计算数据图示

1）吊绳间的夹角越大，张力越大，单根吊绳的受力也越大；反之，吊绳间的夹角越小，吊绳的受力也越小。所以吊绳间夹角小于 60° 为最佳；夹角不允许超过 120°。

2）捆绑方形物体起吊时，吊绳间的夹角有可能达到 170° 左右，此时，钢丝绳受到的拉力会达到所吊物体重量的 5～6 倍，很容易拉断钢丝绳，因此危险性很高。120° 可以看作是起重吊运中的极限角度。另外，夹角过大，容易造成脱钩。

3）绑扎时吊索的捆绑方式也影响其安全起重量。因此在进行绑扎吊索的强度计算时，其安全系数应取大一些，在估算钢丝绳直径时，应按图 2-15 所示进行折算。如果吊绳间有夹角，在计算吊绳安全载荷的时候，应根据夹角的不同，分别再乘以折减系数。

4）钢丝绳的起重能力不仅与起吊钢丝绳之间的夹角有关，而且与捆绑时钢丝绳曲率半径有关。一般钢丝绳的曲率半径大于

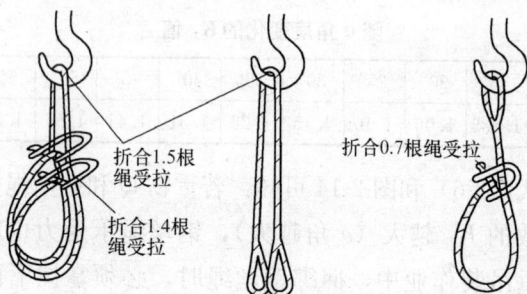

折合1.5根
绳受拉

折合1.4根
绳受拉

折合0.7根绳受拉

图 2-15　捆绑绳的折算

绳径 6 倍以上，起重能力不受影响。当曲率半径为绳径的 5 倍时，起重能力降至原起重能力的 85%；当曲率半径为绳径的 4 倍时，降至 80%；3 倍时降至 75%，2 倍时降至 65%，1 倍时降至 50%，如图 2-16 所示。钢丝绳之间的连接应该使用卸扣，钢丝绳直径在 13mm 以下时，一般采用大于钢丝绳直径 3～5mm 的卸扣，钢丝绳直径在 15mm 到 26mm 时，采用大于钢丝绳直径 5～6mm 卸扣，钢丝绳直径在 26mm 以上时，采用大于钢丝绳直径 8～10mm 卸扣。

钢丝绳之间的连接也可以采用套环来衬垫连接，其目的都是为了保证钢丝绳的曲率半径不至于过小，从而降低钢丝绳的起重能力，甚至产生剪切力。

2.2.2　钢丝绳夹

钢丝绳夹主要用于钢丝绳的连接和钢丝绳穿绕滑车组时绳端的固定，以及桅杆上缆风绳绳头的固定等，如图 2-17 所示。钢丝绳夹是起重吊装作业中使用较广的钢丝绳夹具。常用的绳夹为骑马式绳夹和"U"形绳夹。

（1）钢丝绳夹布置

钢丝绳夹布置，应把绳夹座扣在钢丝绳的工作段上，U 形

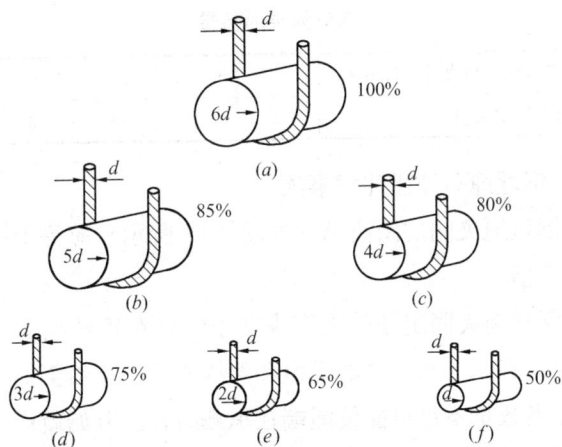

图 2-16　起吊钢丝绳曲率图

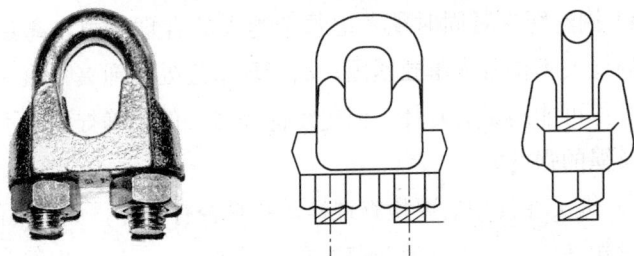

图 2-17　钢丝绳夹

螺栓扣在钢丝绳的尾段上，如图 2-18 所示。钢丝绳夹不得在钢丝绳上交替布置。

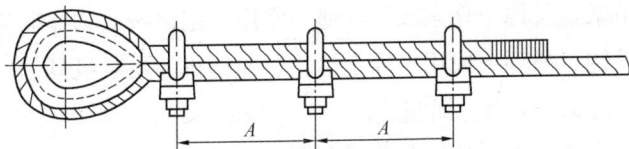

图 2-18　钢丝绳夹的布置

（2）钢丝绳夹数量

钢丝绳夹数量应符合表 2-6 的规定。

钢丝绳夹的数量   表 2-6

绳夹规格（钢丝绳直径）（mm）	≤18	18～26	26～36	36～44	44～60
绳夹最少数量（组）	3	4	5	6	7

（3）钢丝绳夹使用注意事项

1）钢丝绳夹间的距离 A（如图 2-18 所示）应等于钢丝绳直径的 6～7 倍。

2）钢丝绳夹固定处的强度决定于绳夹在钢丝绳上的正确布置，以及绳夹固定和夹紧的谨慎和熟练程度。不恰当的紧固螺母或钢丝绳夹数量不足可能使绳端在承载时，一开始就产生滑动。

3）在实际使用中，绳夹受载一两次以后应做检查，在多数情况下，螺母需要进一步拧紧。

4）钢丝绳夹紧固时须考虑每个绳夹的合理受力，离套环最远处的绳夹不得首先单独紧固；离套环最近处的绳夹（第一个绳夹）应尽可能地紧靠套环，但仍须保证绳夹的正确拧紧，不得损坏钢丝绳的强度。

5）绳夹在使用后要检查螺栓丝扣是否有损坏，如暂不使用，要在丝扣部位涂上防锈油并存放在干燥的地方，以防生锈。

2.2.3 吊索

吊索，又称千斤索或千斤绳，常用在把设备等物体捆绑、连接在吊钩、吊环上或用来固定滑轮、卷扬机等吊装机具。一般用 6×61 和 6×37 钢丝绳制成。

吊索的形式大致可分为可调捆绑式吊索、无接头吊索、压制吊索、编制吊索和钢坯专用吊索五种，如图 2-19 所示。还有一种是一、二、三、四腿钢丝绳钩成套吊索，如图 2-20 所示。

编制吊索主要采用挤压插接法进行编结，此办法适用于普

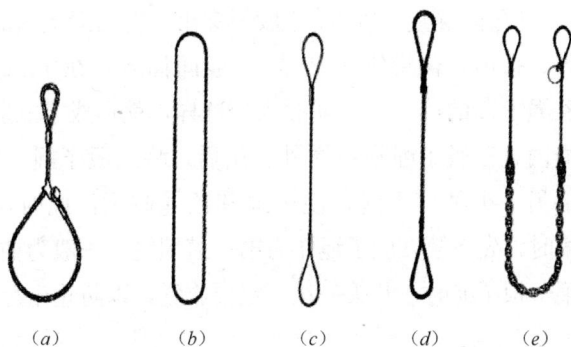

图 2-19　吊索

(a) 可调捆绑式吊索；(b) 无接头吊索；(c) 压制吊索；

(d) 编制吊索；(e) 钢坯专用吊索

图 2-20　一、二、三、四腿钢丝绳钩成套吊索

通捻六股钢丝绳吊索的制作。办法如下：

端头解开长度约为 350mm 左右。如图 2-21 所示，用锥子在

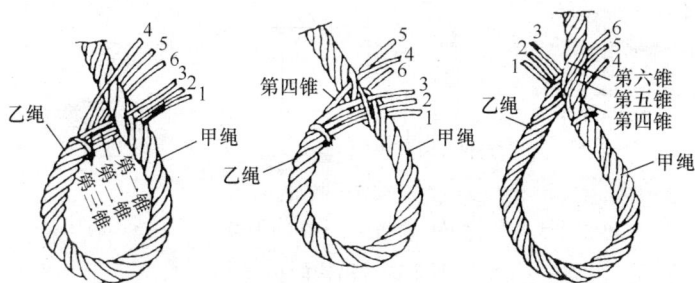

图 2-21　钢丝绳绳索插接

117

甲绳的 1、6 股间穿过，在 3、4 股间穿出，把乙绳上面的第一股子绳插入、拔出，再将锥子从 2、3 股间插入，在 1、6 股间穿出，把乙绳上面的第三股子绳插入。这样，就形成了三股子绳插编在甲绳内，三股子绳在甲绳外。然后，将六股子绳一把抓牢，用锥子的另一头敲打甲绳，使甲绳和乙绳收紧，此时，开始编插。插编时，先将第 6 股子绳作为第一道编绕，一般为插编五花，当插编第一根子绳时，开头一花一定要收紧，以防止千斤头太松。紧接着即是 5、4、3、2、1 顺序编结，当六股子绳插编完成，即形成钢丝绳千斤头，把多余的各股钢丝绳头割去，便告完成。

目前插编钢丝绳索具也有采用专业的钢丝绳索具深加工设备，根据钢丝绳的捻股，合绳工艺，单股多次插编而成。

2.2.4 吊钩

吊钩属起重机上重要取物装置之一。吊钩若使用不当，容易造成损坏和折断而发生重大事故，因此，必须加强对吊钩经常性的安全技术检验。

（1）吊钩的分类

吊钩按制造方法可分为锻造吊钩和片式吊钩。锻造吊钩又可分为单钩和双钩，如图 2-22（a）、图 2-22(b) 所示。单钩一般用

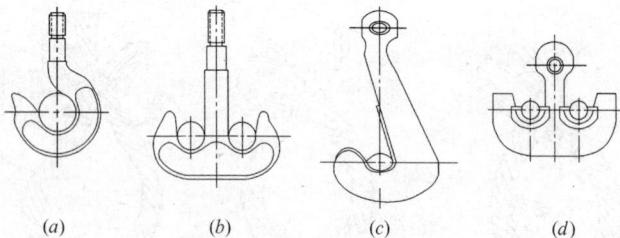

图 2-22　吊钩的种类

（a）锻造单钩；(b) 锻造双钩；(c) 片式单钩；(d) 片式双钩

于小起重量，双钩多用于较大的起重量。锻造吊钩材料采用优质低碳镇静钢或低碳合金钢，如20优质低碳钢、16Mn、20MnSi、36MnSi。片式吊钩由若干片厚度不小于 20mm 的 Q235-C、20 或16Mn 的钢板铆接起来。片式吊钩也有单钩和双钩之分，如图2-22(c) 和图 2-22(d) 所示。

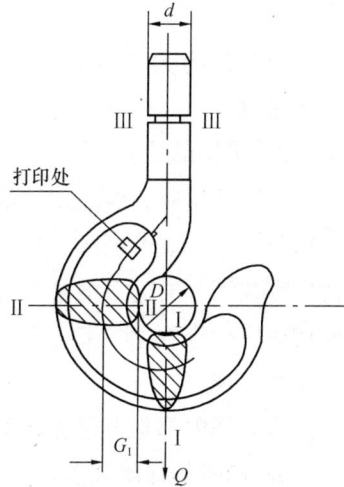

图 2-23　吊钩的危险断面

片式吊钩比锻造吊钩安全，因为吊钩板片不可能同时断裂，个别板片损坏还可以更换。吊钩按钩身（弯曲部分）的断面形状可分为：圆形、矩形、梯形和 T 字形断面吊钩。

（2）吊钩安全技术要求

吊钩应有出厂合格证明，在低应力区应有额定起重量标记。

1）吊钩的危险断面。

对吊钩的检验，必须先了解吊钩的危险断面所在，通过对吊钩的受力分析，可以了解吊钩的危险断面有三个。

如图 2-23 所示，假定吊钩上吊挂重物的重量为 Q，由于重物重量通过钢丝绳作用在吊钩的 I-I 断面上，有把吊钩切断的趋势，该断面上受切应力；由于重量 Q 的作用，在 III-III 断面，有把吊钩拉断的趋势，这个断面就是吊钩钩尾螺纹的退刀槽，这个部位受拉应力；由于 Q 力对吊钩产生拉、切力之后，还有把吊钩拉直的趋势，也就是对 I-I 断面以左的各断面除受拉力以外，还受到力矩的作用。因此，II-II 断面受 Q 的拉力，使整个断面受切应力，同时受力矩的作用。另外，II-II

断面的内侧受拉应力，外侧受压应力，根据计算，内侧拉应力比外侧压应力大一倍多。所以，吊钩做成内侧厚，外侧薄就是这个道理。

2）吊钩的检验

吊钩的检验一般先用煤油洗净钩身，然后用 20 倍放大镜检查钩身是否有疲劳裂纹，特别对危险断面的检查要认真、仔细。钩柱螺纹部分的退刀槽是应力集中处，要注意检查有无裂缝。对板钩还应检查衬套、销子、小孔、耳环及其他紧固件是否有松动、磨损现象。对一些大型、重型起重机的吊钩还应采用无损探伤法检验其内部是否存在缺陷。

3）吊钩的保险装置

吊钩必须装有可靠防脱棘爪（吊钩保险），防止工作时索具脱钩，如图 2-24 所示。

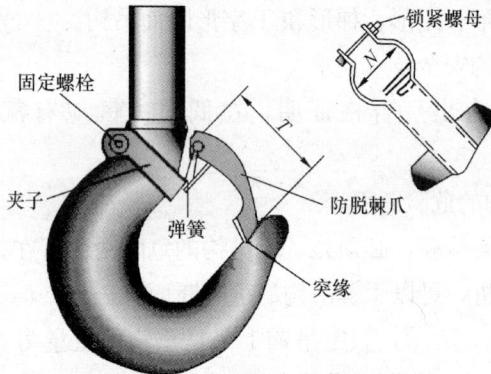

图 2-24　吊钩防脱棘爪

（3）吊钩的报废

吊钩禁止补焊，有下列情况之一的，应予以报废：

1）用 20 倍放大镜观察表面有裂纹。

2）钩尾和螺纹部分等危险截面及钩筋有永久性变形。

3）挂绳处截面磨损量超过原高度的 10%。

4）心轴磨损量超过其直径的 5%。

5）开口度比原尺寸增加 15%。

2.2.5 卸扣

卸扣又称卡环，是起重作业中广泛使用的连接工具，它与钢丝绳等索具配合使用，拆装颇为方便。

（1）卸扣的分类

1）按其外形分为直形和椭圆形，如图 2-25 所示。

2）按活动销轴的形式可分为销子式和螺栓式，如图 2-26 所示。

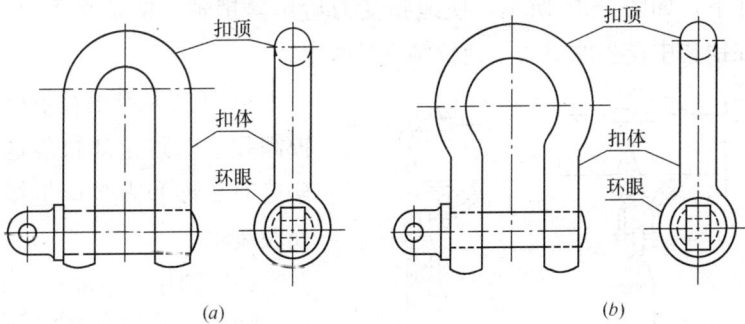

图 2-25　卸扣
(*a*) 直形卸扣；(*b*) 椭圆形卸扣

（2）卸扣使用注意事项

1）卸扣必须是锻造的，一般是用 20 号钢锻造后经过热处理而制成的，以便消除残余应力和增加其韧性，不能使用铸造和补焊的卸扣。

2）使用时不得超过规定的荷载，应使销轴与扣顶受力，不能横向受力。横向使用会造成扣体变形。

3）吊装时使用卸扣绑扎，在吊物起吊时应使扣顶在上销轴

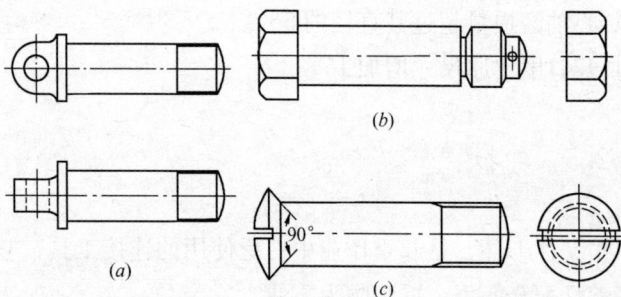

图 2-26　销轴的几种形式

(a) W形，带有环眼和台肩的螺纹销轴；(b) X形，六角头螺栓、
六角螺母和开口销；(c) Y形，沉头螺栓

在下，如图 2-27 所示，使绳扣受力后压紧销轴，销轴因受力，在销孔中产生摩擦力，使销轴不易脱出。

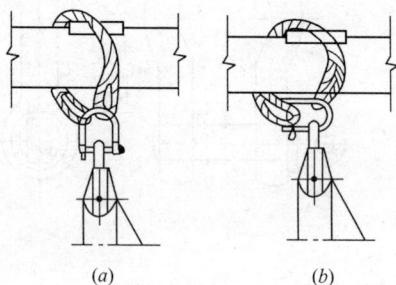

图 2-27　卸扣的使用示意图

(a) 正确的使用方法；(b) 错误的使用方法

4）不得从高处往下抛掷卸扣，以防止卸扣落地碰撞而变形和内部产生损伤及裂纹。

（3）卸扣的报废

卸扣出现以下情况之一时，应予以报废：

1）裂纹。

2）磨损达原尺寸的 10%。

3）本体变形达原尺寸的 10%。

4）销轴变形达原尺寸的 5%。

5）螺栓坏扣或滑扣。

6）卸扣不能闭锁。

2.2.6 螺旋扣

螺旋扣又称"花篮螺栓",如图 2-28 所示,其主要用在张紧和松弛拉索、缆风绳等,故又被称为"伸缩节"。其形式有多种,尺寸大小则随负荷轻重而有所不同。其结构形式如图 2-29 所示。

图 2-28 螺旋扣

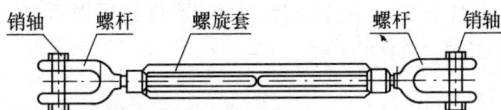

图 2-29 螺旋扣结构示意图

螺旋扣的使用应注意以下事项:

(1) 使用时应钩口向下。

(2) 防止螺纹轧坏。

(3) 严禁超负荷使用。

(4) 长期不用时,应在螺纹上涂好防锈油脂。

2.2.7 其他索具

在起重作业中,常使用绳索绑扎、搬运和提升重物,它与取物装置(如吊钩、吊环、卸扣等)组成各种吊具。

(1) 白棕绳

1) 白棕绳的用途和特点

白棕绳是起重作业中常用的轻便绳索,具有质地柔软、携带方便和容易绑扎等优点,但其强度比较低。一般白棕绳的抗拉强度仅为同直径钢丝绳的 10％左右，易磨损。因此，白棕绳主要用于绑扎及起吊较轻的物件和起重量比较小的扒杆缆风绳索。

白棕绳有涂油和不涂油之分。涂油的白棕绳抗潮湿防腐性能较好，其强度比不涂油一般要低 10％～20％；不涂油的在干燥情况下，强度高、弹性好，但受潮后强度降低约 50％。白棕绳有三股、四股和九股捻制的，特殊情况下有十二股捻制的。其中最常用的是三股捻制品。

2）白棕绳的受力计算

为了保证起重作业的安全，白棕绳在使用中所受的极限工作载荷（最大工作拉力）应比白棕绳试验时的破断拉力小，白棕绳的承载力可采用近似法计算。

① 近似破断拉力

$$S_{破断} = 50d^2 \tag{2-8}$$

② 极限工作拉力

$$S_{极限} = \frac{S_{破断}}{k} = 50\frac{d^2}{k} \tag{2-9}$$

式　$S_{破断}$——近似破断拉力（N）；

$S_{极限}$——极限工作拉力（最大工作拉力）（N）；

d——白棕绳直径，（mm）；

k——白棕绳安全系数。

3）白棕绳使用注意事项

①白棕绳一般用于重量较轻物件的捆绑、滑车作业及扒杆用绳索等。起重机械或受力较大的作业不得使用白棕绳。

②使用前，必须查明允许拉力，严禁超负荷使用。

③用于滑车组的白棕绳，为了减少其所承受的附加弯曲力，滑轮的直径应比白棕绳直径大 10 倍以上。

④使用中，如果发现白棕绳连续向一个方向扭转时，应抖直，有绳结的白棕绳不得穿过滑车。

⑤在绑扎各类物件时，应避免白棕绳直接和物件的尖锐边缘接触，接触处应加麻袋、帆布或薄铁皮、木片等衬物。

⑥不得在尖锐、粗糙的物件上或地上拖拉。

⑦穿过滑轮时，不应脱离轮槽。

⑧应储存在干燥和通风好的库房内，避免受潮或高温烘烤；不得将白棕绳和有腐蚀作用的化学物品（如碱、酸等）接触。

（2）尼龙绳和涤纶绳

1）尼龙绳和涤纶绳的特点

尼龙绳和涤纶绳可用来捆绑、吊运表面粗糙、精度要求高的机械零部件及有色金属制品。

尼龙绳和涤纶绳具有重量轻、质地柔软、弹性好、强度高、耐腐蚀、耐油、不生蛀虫及霉菌、抗水性能好等优点。其缺点是不耐高温，使用中应避免高温及锐角损伤。

2）尼龙绳的受力计算

尼龙绳、涤纶绳计算公式：

①近似破断拉力

$$S_{破断} = 110d^2 \qquad (2\text{-}10)$$

②极限工作拉力

$$S_{极限} = \frac{S_{破断}}{k} = 110\frac{d^2}{k} \qquad (2\text{-}11)$$

式中　$S_{破断}$——近似破断拉力（N）；

　　　$S_{极限}$——极限工作拉力（最大工作拉力）（N）；

　　　d——尼龙绳、涤纶绳直径（mm）；

　　　k——尼龙绳、涤纶绳安全系数。

尼龙绳、涤纶绳安全系数可根据工作使用状况和重要程度选取，但不得小于6。

2.2.8 滑车和滑车组

滑车和滑车组是起重吊装、搬运作业中较常用的起重工具。滑车一般由吊钩（链环）、滑轮、轴、轴套和夹板等组成。

(1) 滑车

1) 滑车的种类

滑车按滑轮的多少，可分为单门（一个滑轮）、双门（两个滑轮）和多门等几种；按连接件的结构形式不同，可分为吊钩型、链环型、吊环型、吊梁型四种；按滑车的夹板形式分，有开口滑车和闭口滑车两种，如图 2-30 所示。开口滑车的夹板可以打开，便于装入绳索，一般都是单门，常用在拔杆脚等处作导向用。滑车按使用方式不同，又可分为定滑车和动滑车两种。定滑车在使用中是固定的，可以改变用力的方向，但不能省力；动滑车在使用中是随着重物移动而移动的，它能省力，但不能改变力

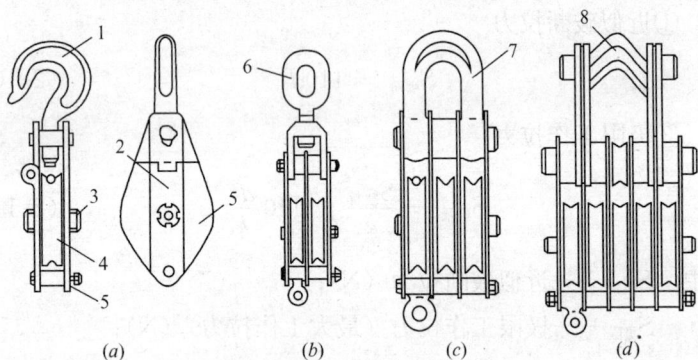

图 2-30　滑车

(a) 单门开口吊钩型；(b) 双门闭口链环型；

(c) 三门闭口吊环型；(d) 三门吊梁型

1—吊钩；2—拉杆；3—轴；4—滑轮；

5—夹板；6—链环；7—吊环；8—吊梁

的方向。

2）滑车的允许荷载

滑车的允许荷载，可根据滑轮和轴的直径确定。一般滑车上都有标明，使用时应根据其标定的数值选用，同时滑轮直径还应与钢丝绳直径匹配。

双门滑车的允许荷载为同直径单门滑车允许荷载的两倍，三门滑车为单门滑车的三倍，以此类推。同样，多门滑车的允许荷载就是它的各滑轮允许荷载的总和。因此，如果知道某一个四门滑车的允许荷载为 20000kg，则其中一个滑轮的允许荷载为 5000kg。即对于这四门滑车，若工作中仅用一个滑轮，只能负担 5000kg；用两个，只能负担 10000kg，只有四个滑轮全用时才能负担 20000kg。

（2）滑车组

滑车组是由一定数量的定滑车和动滑车及绕过它们的绳索组成的简单起重工具。它能省力也能改变力的方向。

1）滑车组的种类

滑车组根据跑头引出的方向不同，可以分为跑头自动滑车引出和跑头自定滑车引出两种。如图 2-31（a）所示，跑头自动滑车引出，这时用力的方向与重物移动的方向一致；如图 2-31（b）所示，跑头自定滑车绕出，这时用力的方向与重物移动的方向相

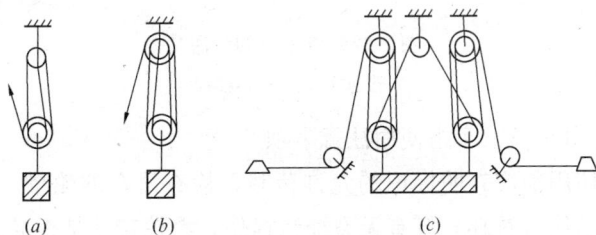

图 2-31　滑车组的种类

（a）跑头自动滑车绕出；（b）跑头自定滑轮绕出；（c）双联滑车组

127

反。在采用多门滑车进行吊装作业时常采用双联滑车组。如图
2-31（c）所示，双联滑车组有两个跑头，可用两台卷扬机同时
牵引，其速度快一倍，滑车组受力比较均衡，滑车不易倾斜。

2）滑车组绳索的穿法

滑车组中绳索有普通穿法和花穿法两种，如图 2-32 所示。
普通穿法是将绳索自一侧滑轮开始，顺序地穿过中间的滑轮，最
后从另一侧的滑轮引出，如图 2-32（a）所示。滑车组在工作
时，由于两侧钢丝绳的拉力相差较大，跑头 7 的拉力最大，第 6
根为次，顺次至固定头受力最小，所以滑车在工作中不平稳。如
图 2-32（b）所示，花穿法的跑头从中间滑轮引出，两侧钢丝绳
的拉力相差较小，所以能克服普通穿法的缺点。在用"三三"以
上的滑车组时，最好用花穿法。滑车组中动滑车上穿绕绳子的根
数，习惯上叫做"走几"，如动滑车上穿绕三根绳子，叫做"走
三"，穿绕四根绳子叫做"走四"。

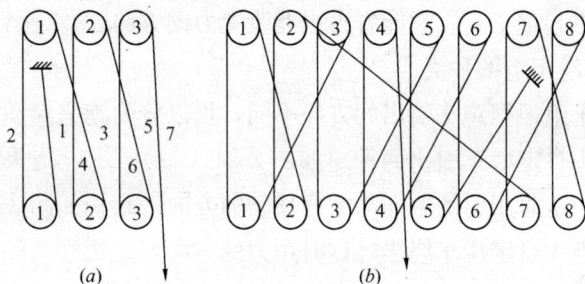

图 2-32　滑车组的穿法
（a）普通穿法；（b）花穿法

3）滑车及滑车组使用注意事项

①使用前应查明标识的允许荷载，检查滑车的轮槽、轮轴、
夹板、吊钩（链环）等有无裂缝和损伤，滑轮转动是否灵活。

②滑车组绳索穿好后，要慢慢地加力，绳索收紧后应检查各
部分是否良好，有无卡绳现象。

③滑车的吊钩（链环）中心，应与吊物的重心在一条垂线上，以免吊物起吊后不平稳，滑车组上下滑车之间的最小距离应根据具体情况而定，一般为700～1200mm。

④滑车在使用前、后都要刷洗干净，轮轴要加油润滑，防止磨损和锈蚀。

⑤为了提高钢丝绳的使用寿命，滑轮直径最小不得小于钢丝绳直径的16倍。

4）滑轮的报废

滑轮出现下列情况之一的，应予以报废：

①裂纹或轮缘破损。

②滑轮绳槽壁厚磨损量达原壁厚的20％。

③滑轮底槽的磨损量超过相应钢丝绳直径的25％。

2.3 常用起重工具

2.3.1 千斤顶

千斤顶是一种用较小的力将重物顶高、降低或移位的简单而方便的起重设备。千斤顶构造简单，使用轻便，便于携带，工作时无震动与冲击，能保证把重物准确地停在一定的高度上，升举重物时，不需要绳索、链条等，但行程短，加工精度要求较高。

（1）千斤顶的分类

千斤顶有齿条式、螺旋式和液压式三种基本类型。

1）齿条式千斤顶

齿条式千斤顶又叫起道机，由金属外壳、装在壳内的齿条、齿轮和手柄等组成。在路基路轨的铺设中常用到齿条式千斤顶，

图 2-33　齿条式

千斤顶

如图 2-33 所示。

2）螺旋千斤顶

螺旋千斤顶常用的是 LQ 型，如图 2-34 所示，它由棘轮组 1、小锥齿轮 2、升降套筒 3、锯齿形螺杆 4、铜螺母 5、大锥齿轮 6、推力轴承 7、主架 8、底座 9 等组成。

3）液压千斤顶

常用的液压千斤顶为 YQ 型，其构造如图 2-35 所示。

（2）千斤顶使用注意事项

1）千斤顶使用前应拆洗干净，并检查各部件是否灵活，有无损伤，液压千斤顶的阀门、活塞、皮碗是否良好，油液是否干净。

2）使用时，应放在平整坚实的地面上，如地面松软，应铺设方木以扩大承压面积。设备或物件的被顶点应选择坚实的平面部位并应清洁至无油污，以防打滑，还须加垫木板以免顶坏设备或物件。

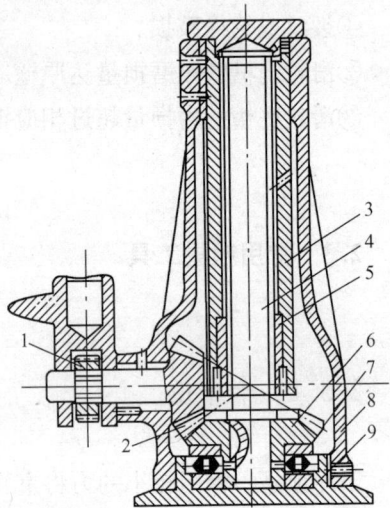

图 2-34　螺旋式千斤顶

1—棘轮组；2—小锥齿轮；3—升降套筒；4—锯齿形螺杆；5—螺母；6—大锥齿轮；7—推力轴承；8—主架；9—底座

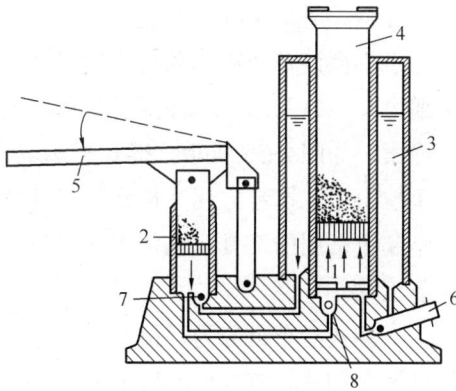

图 2-35　液压千斤顶的构造

1—油室；2—油泵；3—储油腔；4—活塞；5—摇把；

6—回油阀；7—油泵进油门；8—油室进油门

3）严格按照千斤顶的额定起重量使用千斤顶，每次顶升高度不得超过活塞上的标志。

4）在顶升过程中要随时注意千斤顶的平整直立，不得歪斜，严防倾倒，不得任意加长手柄或操作过猛。

5）操作时，先将物件顶起一点高度后暂停，检查千斤顶、枕木垛、地面和物件等情况是否良好，如发现千斤顶和枕木垛不稳等情况，必须处理后才能继续工作。顶升过程中，应设保险垫，并要随顶随垫，其脱空距离应保持在50mm以内，以防千斤顶倾倒或突然回油而造成事故。

6）用两台或两台以上千斤顶同时顶升一个物件时，要有统一指挥，动作一致，升降同步，保证物件平稳。

7）千斤顶应存放在干燥、无尘土的地方，避免日晒雨淋。

2.3.2　链式滑车

（1）链式滑车类型和用途

链式滑车又称"捯链"、"手拉葫芦"，它适用于小型设备和物体的短距离吊装，可用来拉紧缆风绳，以及用在构件或设备运输时拉紧捆绑的绳索，如图2-36所示。链式滑车具有结构紧凑、手拉力小、携带方便、操作简单等优点，它不仅是起重常用的工具，也常用作机械设备的检修拆装工具。

链式滑车可分为环链蜗杆滑车、片状链式蜗杆滑车和片状链式齿轮滑车等。

（2）链式滑车的使用

链式滑车在使用时应注意以下几点：

图2-36 链式滑车

1）使用前需检查传动部分是否灵活，链子和吊钩及轮轴是否有裂纹损伤，手拉链是否有跑链或掉链等现象。

2）挂上重物后，要慢慢拉动链条，当起重链条受力后再检查各部分有无变化，自锁装置是否起作用，经检查确认各部分情况良好后，方可继续工作。

3）在任何方向使用时，拉链方向应与链轮方向相同，防止手拉链脱槽，拉链时力量要均匀，不能过快过猛。

4）当手拉链拉不动时，应查明原因，不能增加人数猛拉，以免发生事故。

5）起吊重物中途停止的时间较长时，要将手拉链拴在起重链上，以防时间过长而自锁失灵。

6）转动部分要经常上油，保证滑润，减少磨损，但切勿将润滑油渗进摩擦片内，以防自锁失灵。

2.3.3 卷扬机

卷扬机在建筑施工中使用广泛，它可以单独使用，也可以作为其他起重机械的卷扬机构。

（1）卷扬机构造

卷扬机是由电动机、齿轮减速器、卷筒、制动器等构成。载荷的提升和下降均为一种速度，由电动机的正反转控制。

（2）卷扬机分类

卷扬机按卷筒数分：有单筒、双筒、多筒卷扬机；按速度分：有快速、慢速卷扬机。常用的有电动单筒和电动双筒卷扬机。如图 2-37 所示为一种单筒电动卷扬机的结构示意图。

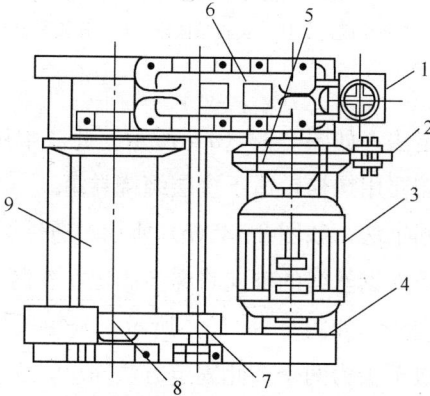

图 2-37　单筒电动卷扬机结构示意图

1—可逆控制器；2—电磁制动器；3—电动机；

4—底盘；5—联轴器；6—减速器；7—小齿轮；

8—大齿轮；9—卷筒

（3）卷筒

卷筒是卷扬机的重要部件，卷筒是由筒体、连接盘、轴以及轴承支架等构成的。

1）钢丝绳在卷筒上的固定

钢丝绳在卷筒上的固定通常使用压板螺钉或楔块，固定的方法一般有楔块固定法、长板条固定法和压板固定法，如图 2-38

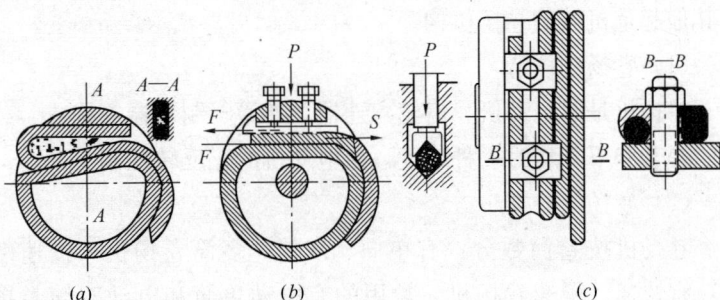

图 2-38　钢丝绳在卷筒上的固定

(a) 楔块固定；(b) 长板条固定；(c) 压板固定

所示。

①楔块固定法，如图 2-38 (a) 所示。此法常用于直径较小的钢丝绳，不需要用螺栓，适于多层缠绕卷筒。

②长板条固定法，如图 2-38 (b) 所示。通过螺钉的压紧力，将带槽的长板条沿钢丝绳的轴向将绳端固定在卷筒上。

③压板固定法，如图 2-38 (c) 所示。利用压板和螺钉固定钢丝绳，压板数至少为两个。此固定方法简单，安全可靠，便于观察和检查，是最常见的固定形式。其缺点是所占空间较大，不宜用于多层卷绕。

2）卷筒的报废

卷筒出现下述情况之一的，应予以报废：

①裂纹或凸缘破损。

②卷筒壁磨损量达原壁厚的 10%。

（4）制动器

制动器是各类起重机械不可缺少的组成部分，它既是起重机的控制装置，又是安全装置。其工作原理是：制动器摩擦副中的一组与固定机架相连；另一组与机构转动轴相连。当摩擦副接触压紧时，产生制动作用；当摩擦副分离时，制动作用解除，机构可以运动。

1）制动器的分类

①根据构造不同，制动器可分为以下三类：

a. 带式制动器。制动钢带在径向环抱制动轮而产生制动力矩。

b. 块式制动器。两个对称布置的制动瓦块，在径向抱紧制动轮而产生制动力矩。

c. 盘式与锥式制动器。带有摩擦衬料的盘式和锥式金属盘，在轴向互相贴紧而产生制动力矩。

②按工作状态，制动器一般可分为常闭式制动器和常开式制动器两种：

a. 常闭式制动器。在机构处于非工作状态时，制动器处于闭合制动状态；在机构工作时，操纵机构先行自动松开制动器。施工升降机的起升机构、塔式起重机的起升和变幅机构均采用常闭式制动器。

b. 常开式制动器。制动器平常处于松开状态，需要制动时通过机械或液压机构来完成。塔式起重机的回转机构采用常开式制动器。

2）制动器的报废

制动器的零件有下列情况之一的，应予报废：

①可见裂纹。

②制动块摩擦衬垫磨损量达原厚度的 50%。

③制动轮表面磨损量达 1.5～2mm。

④弹簧出现塑性变形。

⑤电磁铁杠杆系统空行程超过其额定行程的 10%。

（5）卷扬机的布置与固定

1）卷扬机的布置

卷扬机的布置（即安装位置）应注意下列几点：

①卷扬机安装位置周围必须排水畅通并应搭设工作棚。

②卷扬机的安装位置应能使操作人员能看清指挥人员和起吊或拖动的物件，操作者视线仰角应小于 45°。

③在卷扬机正前方应设置导向滑车，如图 2-39 所示，导向滑车至卷筒轴线的距离，带槽卷筒应不小于卷筒宽度的 15 倍，即倾斜角 $\alpha < 2°$，无槽卷筒应大于卷筒宽度的 20 倍，以免钢丝绳与导向滑车槽缘产生过度的磨损。

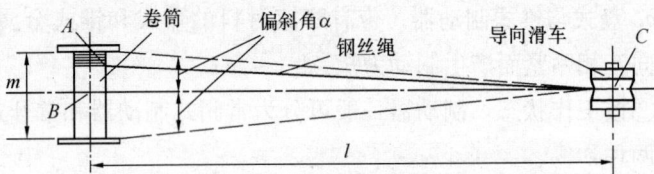

图 2-39　卷扬机的布置

④钢丝绳绕入卷筒的方向应与卷筒轴线垂直，其垂直度允许偏差为 6°，这样能使钢丝绳圈排列整齐，不致斜绕和互相错叠挤压。

2）卷扬机的固定

卷扬机必须用地锚予以固定，以防工作时产生滑动或倾覆。根据受力大小，固定卷扬机的方法大致有螺栓锚固法、水平锚固法、立桩锚固法和压重锚固法四种，如图 2-40 所示。

（6）卷扬机使用注意事项

1）使用前，应检查卷扬机与地面的固定、安全装置、防护设施、电气线路、接零或接地线、制动装置和钢丝绳等，全部合格后方可使用。

2）使用带传动或开式齿轮的部分，均应设防护罩，导向滑轮不得用开口拉板式滑轮。

3）正反转卷扬机卷筒旋转方向应在操纵开关上有明确标识。

4）卷扬机必须有良好的接地或接零装置，接地电阻不得大

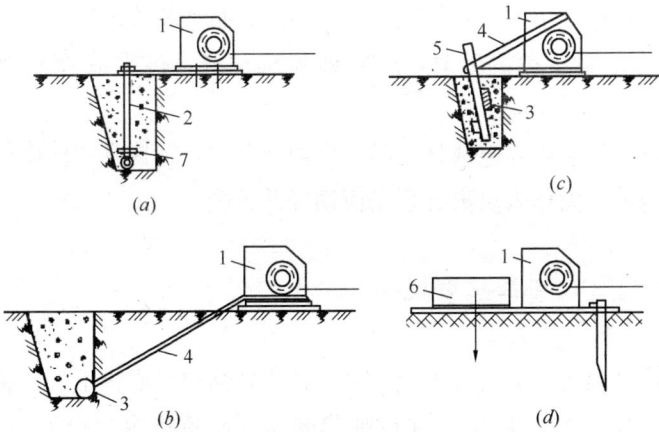

图 2-40　卷扬机的锚固方法

(a) 螺栓锚固法；(b) 水平锚固法；(c) 立桩锚固法；(d) 压重物锚固法

1—卷扬机；2—地脚螺栓；3—横木；

4—拉索；5—木桩；6—压重；7—压板

于 10Ω；在一个供电网路上，接地或接零不得混用。

5）卷扬机使用前要先做空载正、反转试验，检查运转是否平稳，有无不正常响声；传动、制动机构是否灵敏可靠；各紧固件及连接部位有无松动现象；润滑是否良好，有无漏油现象。

6）钢丝绳的选用应符合原厂说明书规定。卷筒上的钢丝绳全部放出时应留有不少于 3 圈；钢丝绳的末端应固定牢靠；卷筒边缘外周至最外层钢丝绳的距离应不小于钢丝绳直径的 1.5 倍。

7）钢丝绳应与卷筒及吊笼连接牢固，不得与机架或地面摩擦，通过道路时，应设过路保护装置。

8）卷筒上的钢丝绳应排列整齐，当重叠或斜绕时，应停机重新排列，严禁在转动中用手拉脚踩钢丝绳。

9）作业中，任何人不得跨越正在作业的卷扬钢丝绳。物件提升后，操作人员不得离开卷扬机，物件或吊笼下面严禁人员停留或通过。休息时应将物件或吊笼降至地面。

10) 作业中如发现异响、制动不灵、制动装置或轴承等温度剧烈上升等异常情况时，应立即停机检查，排除故障后方可使用。

11) 作业中停电或休息时，应切断电源，将提升物件或吊笼降至地面，操作人员离开现场应锁好开关箱。

2.3.4 汽车起重机

汽车起重机是装在普通汽车底盘或特制汽车底盘上的一种起重机，如图 2-41 所示，其行驶驾驶室与起重操纵室分开设置。这种起重机的优点是机动性好，转移迅速。缺点是工作时需支腿，不能负荷行驶，也不适合在松软或泥泞的场地上工作。

(1) 汽车起重机分类

1) 按额定起重量分，一般额定起重量 15t 以下的为小吨位汽车起重机，额定起重量 16～25t 的为中吨位汽车起重机，额定起重量 26t 以上的为大吨位汽车起重机；

2) 按吊臂结构分为定长臂汽车起重机、接长臂汽车起重机和伸缩臂汽车起重机三种。

定长臂汽车起重机多为小型机械传动起重机，采用汽车通用底盘，全部动力由汽车发动机供给。

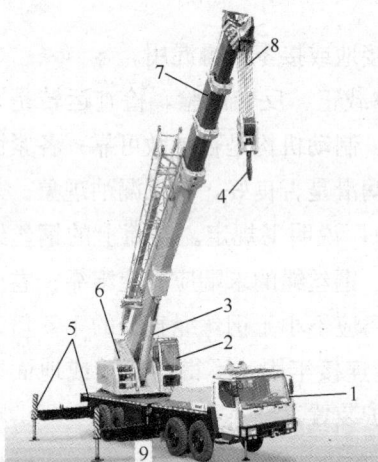

图 2-41　汽车起重机的结构图

1—下车驾驶室；2—上车驾驶室；

3—顶臂油缸；4—吊钩；5—支腿；

6—回转卷扬机构；7—起重臂；

8—钢丝绳；9—下车底盘

接长臂汽车起重机的吊臂由若干节臂组成，分基本臂、顶臂和插入臂，可以根据需要，在停机时改变吊臂长度。由于桁架臂受力好，迎风面积小，自重轻，是大吨位汽车起重机的主要结构形式。

伸缩臂液压汽车起重机，其结构特点是吊臂由多节箱形断面的臂互相套叠而成，利用装在臂内的液压缸可以同时或逐节伸出或缩回。全部缩回时，可以有最大起重量；全部伸出时，可以有最大起升高度或工作半径；

3）按动力传动分为机械传动、液压传动和电力传动三种。施工现场常用的是液压传动汽车起重机。

（2）汽车起重机基本参数

汽车起重机的基本参数包括尺寸参数、质量参数、动力参数、行驶参数、主要性能参数及工作速度参数等。

1）尺寸参数：整机长、宽、高，第一、二轴距，第三、四轴距，一轴轮距，二、三轴轮距。

2）质量参数：行驶状态整机质量，一轴负荷，二、三轴负荷。

3）动力参数：发动机型号，发动机额定功率，发动机额定扭矩，发动机额定转速，最高行驶速度。

4）行驶参数：最小转弯半径，接近角，离去角，制动距离，最大爬坡能力。

5）性能参数：最大额定起重量，最大额定起重力矩，最大起重力矩，基本臂长，最长主臂长度，副臂长度，支腿跨距，基本臂最大起升高度，基本臂全伸最大起升高度，（主臂＋副臂）最大起升高度。

6）速度参数：起重臂变幅时间（起、落），起重臂伸缩时间，支腿伸缩时间，主起升速度，副起升速度，回转速度。

（3）汽车起重机安全使用

汽车起重机作业应注意以下事项：

1）汽车吊司机必须持有公安交通部门签发的机动车辆驾驶证和有关部门核发的特种作业人员操作资格证书。

2）启动前，检查各安全保护装置和指示仪表是否齐全、有效，燃油、润滑油、液压油及冷却水是否添加充足，钢丝绳及连接部位是否符合规定，液压、轮胎气压是否正常，各连接件有无松动。

3）起重作业前，检查工作地点的地面条件。地面必须具备能将起重机呈水平状态，并能充分承受作用于支腿的压力条件；注意地基是否松软，如较松软，必须给支腿垫好能承载的枕木或钢板；支腿必须全伸，并将起重机调整成水平状态；当需最长臂工作时，风力不得大于5级；起重机吊钩重心在起重作业时不得超过回转中心与前支腿（左右）接地中心线的连线；起重量指示装置有故障时，应按起重性能表确定起重量，吊具重量应计入总起重量。

4）吊重作业时，起重臂下严禁站人，禁止吊起埋在地下的重物或斜拉重物，以免承受侧载；禁止使用不合格的钢丝绳和起重链；根据起重作业曲线，确定工作半径和额定起重量，调整臂杆长度和角度；起吊重物中不准落臂，必须落臂时应先将重物放至地面，小油门落臂、大油门抬臂后，重新起吊；回转动作要平稳，不准突然停转，当吊重接近额定起重量时不得在吊物离地面0.5m以上的空中回转；在起吊重载时应尽量避免吊重变幅，起重臂仰角很大时不准将吊物骤然放下，以防后倾。

5）不准吊重行驶，起吊较重物时，应先将重物吊离地面100mm左右，检查起重机的稳定性和制动器是否灵活有效，在确认正常后方可继续作业。

6）在带电线路附近作业时，应与带电线路保持一定的安全距离。

3 建筑施工脚手架概述

3.1 建筑施工脚手架发展历程

脚手架是建筑施工中不可缺少的临时设施。它是为解决在建筑物高层部位施工而专门搭设的操作平台，用于施工作业和运输通道，临时堆放施工材料和机具。因此，脚手架在砌筑工程、混凝土工程、装修工程中有着广泛的应用。

20世纪60年代以来，我国研究和开发了各种形式的脚手架，其中扣件式钢管脚手架具有加工简便，搬运方便，通用性强等优点，已成为当前我国使用量最多、应用最普遍的一种脚手架。20世纪70年代以来，我国又先后从日本、美国、英国等国家引进门式脚手架体系，在一些高层建筑工程施工中应用。它不但能用作建筑施工的内外脚手架，又能用作楼板、梁模板支架和移动式脚手架等，具有较多的功能。20世纪80年代初，国内有一些生产厂家开始仿制门式脚手架，开始大量推广应用，并且得到了广大施工单位的欢迎。但是，由于各厂的产品规格不同，质量标准不一致，给施工单位使用和管理工作带来一定困难。1994年，"新型模板和脚手架应用技术"项目被建设部选定为建筑业重点推广应用10项新技术之后，新型脚手架的研究开发和推广应用工作取得了重大进展，碗扣式脚手架、门式脚手架在桥梁施工中，悬挑式脚手架和附着式升降脚手架在高层建筑施工中被推广应用。

随着我国建筑市场的日益成熟，科技水平日益提高，竹木式脚手架已逐步淘汰出建筑市场，只在一些特定地区仍在使用，金属脚手架必将取代竹、木脚手架成为必然的发展趋势。

3.2 建筑施工脚手架的种类

脚手架可根据与建筑的位置关系、支承特点、结构形式以及使用的材料等划分为多种类型。

（1）按搭设材料分：钢管脚手架、木脚手架和竹脚手架。其中钢管脚手架又可分为钢管扣件式、碗扣式、门式等。

（2）按照与建筑物的位置关系划分：外脚手架和里脚手架。

（3）按用途分：操作脚手架、防护用脚手架和承重支撑脚手架。操作脚手架又可分为结构作业脚手架和装修作业脚手架等。

（4）按构架方式分：杆件组合式脚手架、框架组合式脚手架、格构件组合式脚手架和台架等。

（5）按立杆设置排数分：单排脚手架、双排脚手架、多排脚手架、交圈脚手架、满堂脚手架、满高脚手架和特形脚手架等。

（6）按支固方式分：落地式脚手架、悬挑式脚手架、附着式升降脚手架和水平移动脚手架等。

3.3 建筑施工脚手架的作用

（1）脚手架的主要作用

1）可以使操作人员在不同部位进行施工操作。

2）按规定要求在脚手架上堆放建筑材料。

3）进行短距离的水平运输。

4）保证施工作业人员在高处作业时的安全。

（2）脚手架的基本要求

1）满足使用要求。

有适当的宽度，应满足工人操作、材料堆放及运输的要求，其中，附着式升降脚手架不具有材料堆放及运输的功能。

2）坚固、稳定、安全。

有足够的强度、刚度及稳定性，在施工期间，在各种荷载作用下，脚手架不变形，不摇晃，不倾斜。

3）易搭设。

脚手架属于周转性重复使用的临时设施，因此必须搭拆简单，搬运方便，能多次周转使用。

4）造价经济。

因地制宜，就地取材，节约用料。

3.4　建筑施工脚手架术语

（1）脚手架形式术语

1）脚手架：为建筑施工而搭设的上料、放料与施工作业用的临时结构架。

2）木脚手架：采用木杆件搭设的脚手架。

3）竹脚手架：采用成熟竹竿件搭设的脚手架。

4）金属脚手架：采用金属材料制作、组装的脚手架。

5）单排脚手架：只有一排立杆，横向水平杆的一端搁置在墙体上的脚手架。

6）双排脚手架：由内外两排立杆和水平杆等构成的脚手架。

7）结构脚手架：用于砌筑和结构工程施工作业的脚手架。

8）装修脚手架：用于装修工程施工作业的脚手架。

9）敞开式脚手架：仅设有作业层栏杆和挡脚板，无其他遮挡设施的脚手架。

10）全封闭式脚手架：用密目网、竹笆等材料沿脚手架外侧全长和全高封闭的脚手架。

11）局部封闭式脚手架：遮挡面积小于30％的脚手架。

12）半封闭式脚手架：遮挡面积占30％～70％的脚手架。

13）落地式脚手架：架体底部直接落于地面、楼面、屋面或其他可靠工程结构台面之上的脚手架。

14）悬挑式脚手架：卸荷于附着在建筑结构的刚性悬挑梁或架体上的脚手架。

15）满堂脚手架：按施工作业和平面满布设置的多排脚手架。

16）工具式脚手架：主要架体构件为工厂制作的专用钢结构产品，在现场按特定的程序组装后，附着在建筑物上，自行或利用机械设备沿着建筑物升降的脚手架。

17）附着式升降脚手架：搭设一定高度并附着于工程结构上，依靠自身的升降设备和装置，可随工程结构逐层爬升或下降，具有防倾覆、防坠落装置的外脚手架。

18）扣件式钢管脚手架：采用扣件连接的钢管脚手架。如图3-1所示。

19）碗扣式钢管脚手架：采用碗扣方式连接的钢管脚手架。如图3-2所示，为碗扣式钢管脚手架节点构造。

20）门式钢管脚手架：采用专用门式构件搭设的钢管脚手架，如图3-3所示。

21）承插式钢管脚手架：采用承插连接的钢管脚手架。

22）模板支架：采用脚手架材料搭设的用于支撑模板和承受混凝土浇筑荷载的架子。

23）地基预压：为了检验搭设支架处地基的处理程度而进行

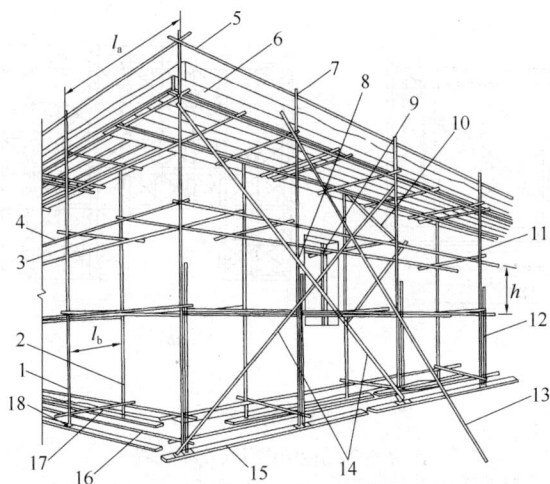

图 3-1 扣件式钢管落地脚手架主要构配件名称

1—外立杆；2—内立杆；3—横向水平杆；4—纵向水平杆；5—安全防护栏；
6—挡脚板；7—直角扣件；8—旋转扣件；9—连墙件；10—横向斜撑；
11—主立杆；12—副立杆；13—抛撑；14—剪刀撑；15—垫板；
16—纵向扫地杆；17—横向扫地杆；18—底座

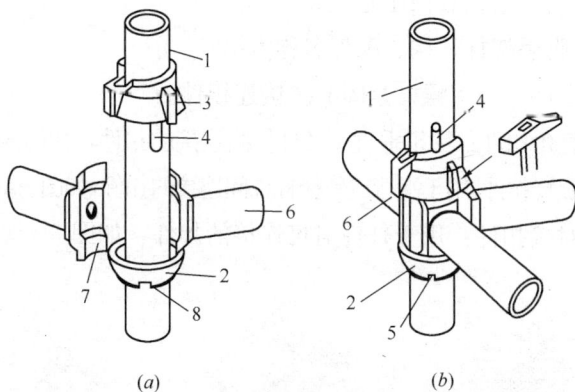

(a)   *(b)*

图 3-2 碗扣式钢管脚手架节点构造

（a）连接前；（b）连接后

1—立杆；2—下碗扣；3—上碗扣；4—限位销；5—流水槽；

6—横杆；7—横杆接头；8—下碗扣与立杆焊缝

145

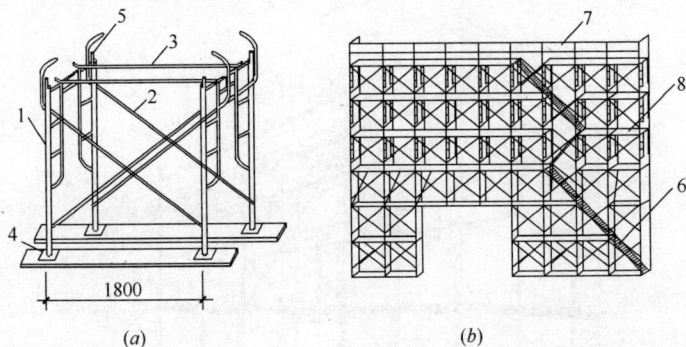

图 3-3　门式钢管脚手架

(a) 基本单元；(b) 门式外脚手架

1—门式框架；2—剪刀撑；3—水平梁架；4—螺旋基脚；

5—连接器；6—梯子；7—栏杆；8—脚手板

的一种地基加载预压施工。

24）支架预压：为了检验支架的安全性以及收集施工沉降数据而进行的支架加载预压施工。

（2）脚手架杆、构、配件名称术语

1）扣件：采用螺栓紧固的扣接连接件。

2）直角扣件：用于垂直交叉杆件间连接的扣件，如图 3-4 (a)。

3）旋转扣件：用于平行或斜交杆件间连接的扣件，如图 3-4(b)。

4）对接扣件：用于杆件对接连接的扣件，如图 3-4 (c)。

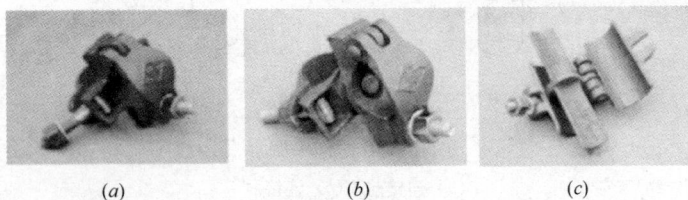

(a)　　　　　　(b)　　　　　　(c)

图 3-4　扣件

(a) 直角扣件；(b) 旋转扣件；(c) 对接扣件

5）防滑扣件：根据抗滑要求增设的非连接用途扣件。

6）上碗扣：沿立杆滑动起锁紧作用的碗扣节点零件。

7）下碗扣：焊接于立杆上的碗形节点零件。

8）立杆连接销：立杆竖向接长连接的专用销子。

9）限位销：焊接在立杆上能锁紧上碗扣的定位销。

10）底座：设于立杆底部的垫座。

11）垫板：设于底座下的支承板。

12）垫木：设置在底座之下的支垫方木。

13）固定底座：不能调节支垫高度的底座。

14）可调底座：能够调节支垫高度的底座。

15）可调托撑：插于立杆顶部能够调整支托高度的顶撑。

16）外立杆：双排脚手架中离开墙体一侧的立杆，或单排架立杆。

17）内立杆：双排脚手架中贴近墙体一侧的立杆。

18）双管立杆：两根并列紧靠的立杆。

19）主立杆：双管立杆中直接承受顶部荷载的立杆。

20）副立杆：双管立杆中分担主立杆荷载的立杆。

21）水平杆：脚手架中的水平杆件。

22）纵向水平杆：沿脚手架纵向设置的水平杆，又称大横杆。

23）横向水平杆：沿脚手架横向设置的水平杆，又称小横杆。

24）扫地杆：贴近地面，连接立杆根部的水平杆。

25）纵向扫地杆：沿脚手架纵向设置的扫地杆。

26）横向扫地杆：沿脚手架横向设置的扫地杆。

27）横杆：碗扣式钢管脚手架的水平杆件。

28）横杆接头：焊接于碗扣式钢管脚手架横杆两端的连接件。

29）搁栅：置于竹、木脚手架横向水平杆上面与纵向水平杆平行的杆件。

30）连墙件：连接脚手架与建筑物结构的构件，又称"连墙杆"。

31）刚性连墙件：采用钢管、扣件或预埋件组成的连墙件。

32）柔性连墙件：采用钢筋作拉筋构成的连墙件。

33）连墙件间距：脚手架相邻连墙件之间的距离。

34）连墙件竖距：上下相邻连墙件之间的垂直距离。

35）连墙件横距：左右相邻连墙件之间的垂直距离。

36）横向斜撑：与双排脚手架内、外立杆或水平杆斜交呈之字形的斜杆。

37）剪刀撑：在脚手架外侧面成对设置的交叉斜杆。

38）竖向剪刀撑：在脚手架成对设置的交叉斜杆。

39）横向斜撑：与双排脚手架内、外立杆或水平杆斜交呈之字形的斜杆。

40）抛撑：与脚手架外侧面斜交的杆件。

41）脚手架高度：自立杆底座下皮至架顶栏杆上皮之间的垂直距离。

42）脚手架长度：脚手架纵向两端立杆外皮间的水平距离。

43）脚手架宽度：双排脚手架横向两侧立杆外皮之间的水平距离，单排脚手架为外立杆外皮至墙面的距离。

44）立杆步距：脚手架相邻上下水平杆轴线间的距离。

45）立杆间距：脚手架相邻立杆之间的轴线距离。

46）立杆纵距：脚手架相邻立杆的纵向间距。

47）立杆横距：脚手架相邻立杆的横向间距，单排脚手架为外立杆轴线至墙面的距离。

48）作业层：上人作业的脚手架铺板层。

49）脚手板：施工人员在脚手架上行走及作业用平台板。

50）节点：脚手架杆件的
交汇点。

51）主节点：立杆、纵向
水平杆、横向水平杆三杆紧靠
的扣接点。如图 3-5 所示，为
一组扣件式钢管脚手架主
节点。

图 3-5　扣件式钢管脚手架主节点
1—立杆；2—横向水
平杆；3—纵向水平杆

52）碗扣节点：由上碗
扣、下碗扣、限位销和横杆接
头等形成的盖固式承插节点，位于碗扣脚手架碗扣连接的部位。

53）廊道：双排脚手架内外立杆间人员行走和运输施工材料
的通道。

3.5　附着式升降脚手架概述

3.5.1　附着式升降脚手架历史沿革

虽然钢管金属脚手架的使用极大提高了施工效率和安全生
产，但随着建筑物高度越来越高，脚手架的使用材料也越来越
多，施工成本也随之大幅增加。为减少材料消耗，降低施工成
本，施工技术人员从脚手架的结构形式上进行了大胆的改进，采
用悬挑、外挂等机构形式。这些改进虽然有所进步，施工成本也
有所降低，但是在施工中与其他工种配合仍不够理想，使用效率
仍不高，安全性能不够理想。为此，施工技术人员又进行了进一
步改进，出现了主要架体构件为工厂制作的专用钢结构产品，在
现场按特定的程序组装后，附着在建筑物上，自行或利用机械设

备沿着建筑物升降的附着式升降脚手架、高处作业吊篮、外挂防护架等工具式脚手架，尤其是进入 20 世纪 80 年代后在附着式升降脚手架设计、制作、安装和使用等方面，工程技术人员进行了不懈的探索。

图 3-6 某附着式脚手架局部照片

1982 年，江苏工程技术人员率先采用与剪力墙附着的套管式爬升脚手架，在较长的一段时间内得到了推广应用，从开始套管式爬升脚手架只能用于剪力墙结构，后来发展到套管式爬升脚手架也能用于框架结构。1988 年，广西施工技术人员在上海成功使用了附着式升降脚手架施工，其后附着式升降脚手架在深圳、广东、海南、北京等地的高层和超高层建筑中推广使用，获得了很大的经济效益。如图 3-6 所示，某附着式升降脚手架局部照片。

1996 年 8 月，北京某地发生了一起附着式升降脚手架在下降过程中的坠落事故，造成 8 人死亡 11 人重伤的重大事故，引起建筑业的高度重视。在对附着式升降脚手架使用情况的调查中发现，自 20 世纪 80 年代附着式升降脚手架用于建筑工程施工以来，由于施工的对象从一般的高层发展到超高层建筑，而附着式升降脚手架的结构设计、施工管理仍停留在最初阶段，施工单位对附着式升降脚手架的设计和使用安全重视不够，没有严格的安全技术和管理措施，在使用中存在着各种各样的不安全施工行为和不安全施工状态，其主要表现在：其一，设计方法不统一，没有按照规定的荷载进行考虑，造成实际施工荷载要大于设计时考虑到的荷载；其二，附着式升降脚手架施工单位只考虑降低施工成本和加快施工进度，忽视了对安全保障的要求，既没有审查技术措施的安全性，使用中也没有考虑加强安全管理的必要性；其三，架体与墙连接的节点设计不合理，使用过程中架体晃动大而不稳定；其四，对整体升降时机位不同步的后果认识不足，没有设置同步升降的控制装置，容易造成升降过程中架体倾斜、变形，甚至倾覆；其五，操作人员没有经过严格的安全技术培训，安全作业意识差，安全操作技能低。此外，在使用过程中还有一些不规范的行为，以至于相继发生了多起坠落事故。

为强化附着式升降脚手架的使用管理，1996 年 10 月，建设部组织起草了《关于加强在建筑施工中使用附着脚手架（整体提升、爬架）设计和使用管理暂行规定》（征求意见稿），统一了附着式升降脚手架架体的设计计算方法，各施工单位针对《规定》中的要求，对附着升降脚手架的设计进行了改进，特别在防坠、防倾和同步控制方面进行了完善。2000 年，建设部颁布了《建筑施工附着升降脚手架管理暂行规定》（建建〔2000〕230 号文），进一步规范了附着升降脚手架的设计、制作、安装和使用管理，使附着升降脚手架的安全性能得到了大幅度提高。2009 年，住房和城乡建设部颁布了《液压升降整体脚手架安全技术规程》（JGJ 183—2009），2010 年，颁布了《建筑施工工具式脚手架安全技术规范》（JGJ 202—2010），对附着式升降脚手架的安全使用进行了全面规范。

3.5.2　附着式升降脚手架的概念

搭设一定高度并附着于工程结构上，依靠自身的升降设备和装置，可随工程结构施工逐层爬升或下降，具有防倾覆、防坠落装置的外脚手架。如图 3-7 所示，为附着升降脚手架结构示意图。

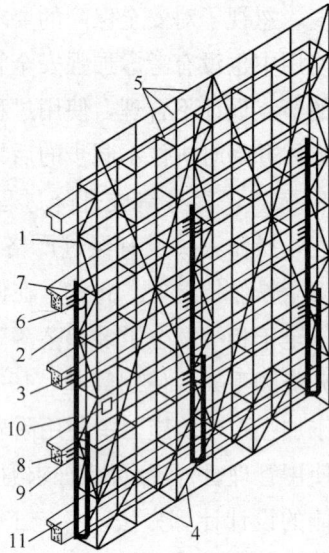

图 3-7　附着升降脚手架结构示意图

1—竖向主框架；2—导轨；3—附墙支座（含防倾覆、防坠落装置）；

4—水平支承桁架；5—架体构架；6—升降设备；7—升降上吊挂件；

8—升降下吊挂点（含荷载传感器）；9—定位装置；10—同步控制装置；

11—工程结构

3.5.3　附着式升降脚手架的分类

（1）按组架方式

1）单跨式附着升降脚手架，仅有两个提升装置并独自升降的附着式升降脚手架。

2）多跨式附着升降脚手架，有三个及以上提升装置连跨升降的附着式升降脚手架。

3）整体式附着升降脚手架，整个架体同步升降的附着式升降脚手架。

（2）按附着支承形式

1）导轨式，架体沿附着于墙体结构的导轨升降的附着式升降脚手架。

2）导座式，带导轨的架体，沿附着于墙体结构的导座升降的附着式升降脚手架。

3）套框式，采用附着主框架和套框架的附着支承形式，升降时主框架和套框架交替升降。

4）吊拉式，采用附着挑梁和斜拉杆，防倾导轨单设的附着支承形式，分为水平支承桁架上置和水平支承桁架下置两种。

5）吊轨式，防倾导轨固定于挑梁上的附着支承形式。

6）挑轨式，架体悬挂于带防倾导轨的挑梁上的附着支承形式，升降时架体沿导轨升降。

7）套轨式，架体与固定支座相连，升降时沿套轨支座升降，固定支座、套轨支座交替与建筑物附着的附着支承形式。

8）吊套式，采用吊拉式附着支承，升降时架体沿套框升降的附着支承形式。

目前，常用的是导轨式和导座式两种形式的脚手架。

（3）按动力形式

1）手动葫芦式，采用手拉环链葫芦作为提升动力装置的附着式升降脚手架。

2）电动葫芦式，采用电动环链葫芦作为提升动力装置的附着式升降脚手架。

3）卷扬式，采用电动卷扬设备作为提升动力装置的附着式升降脚手架。

4）液压式，采用液压动力设备作为提升动力装置的附着式升降脚手架。

目前，主要采用电动葫芦式和液压式两种提升动力形式。

4 附着式升降脚手架构造

4.1 附着式升降脚手架的构造要求

4.1.1 附着式升降脚手架的组成

附着式升降脚手架由架体结构、附着支承结构、升降机构、安全装置和控制系统等组成。

（1）架体结构

如图 4-1 所示，附着式升降脚手架架体主要由竖向主框架、水平支承桁架、工作脚手架三部分组成。

1）竖向主框架

竖向主框架是附着式升降脚手架架体结构的主要组成部分，垂直于建筑物立面并与附着支承结构连接，承受和传递竖向和水平荷载并通过附着支承将荷载传递给工程结构。

按照架体的边框形式可

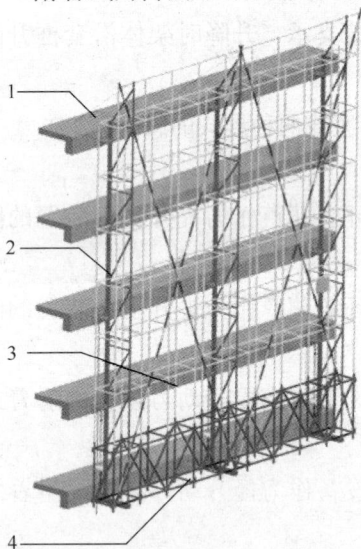

图 4-1 附着式升降脚手架示意图

1—建筑结构混凝土楼面；2—竖向主框架；3—工作脚手架；4—水平支承桁架

分为单片框架，或由两个片式结构组成的格构柱式框架。前者采用偏心式与附着支承相连接，后者多用于采用挑梁、悬吊架体等中心吊附着形式。

2）水平支承桁架

水平支承桁架是附着式升降脚手架架体结构的重要组成部分，主要承受工作脚手架传来的竖向荷载，并将荷载传递给竖向主框架。

3）工作脚手架

工作脚手架又称架体构架，通常采用扣件式钢管脚手架部件搭设，是位于相邻两榀竖向主框架之间和水平支承桁架之上的架体，是附着式升降脚手架架体结构的主要组成部分，也是施工作业平台。

（2）附着支承结构

直接附着在工程结构上，并与竖向主框架相连接，承受并传递脚手架荷载的支承结构。

（3）升降机构

控制架体升降运行的机构，通常可采用手动、电动和液压三种升降形式。其中，单跨架体升降时可采用手动、电动和液压三种升降形式中的任意一种，但不得混用；两跨及以上的架体同时整体升降时，应采用电动或液压设备，但也不得混用，禁止采用手动升降形式。

（4）安全装置

安全装置主要包括防倾覆、防坠落和同步升降控制装置，以及荷载控制系统。

1）防倾覆装置是指防止架体在升降和使用过程中发生倾覆的装置。

2）防坠落装置是指防止架体在升降和使用过程中发生意外坠落时的制动装置。

3）同步升降控制装置是指在架体升降中控制各升降点的升降速度，使各升降点的荷载或高差在设计范围内的装置，即控制各点相对垂直位移的装置。

4）荷载控制系统是指能够反映、控制升降动力荷载的装置系统。

（5）控制系统

操作控制电动葫芦或液压设备动作工况的设备。

4.1.2 附着式升降脚手架的构配件性能要求

（1）附着式升降脚手架架体用的钢管应采用现行国家标准《直缝电焊钢管》（GB/T 13793）或《低压流体输送用焊接钢管》（GB/T 3091）中的 Q235 号普通钢管，应符合《焊接钢管尺寸及单位长度重量》（GB/T 21835）的规定，其钢材质量应符合现行国家标准《碳素结构钢》（GB/T 700）中 Q235-A 级钢的规定，且应满足下列规定：

1）钢管应采用 ϕ48.3mm×3.6mm 规格。

2）钢管应具有产品质量合格证和符合现行国家标准《金属材料　室温拉伸试验方法》（GB/T 228）有关规定的检验报告。

3）钢管应平直，其弯曲度不得大于管长的 1/500；两端端面应平整，不得有斜口；有裂缝、表面分层硬伤、压扁、硬弯、深划痕、毛刺和结疤等缺陷的不得使用。

4）钢管表面的锈蚀深度不得超过 0.25mm。

5）钢管在使用前应涂刷防锈漆。

（2）当构配件使用型钢、钢板和圆钢制作时，其材质应符合现行国家标准《碳素结构钢》（GB/T 700）中 Q235-A 级钢的规定。

（3）当室外温度高于或等于 −20℃ 时，宜采用 Q235、

Q345。承重桁架和承受冲击荷载作用的结构，应具有0℃冲击韧性的合格保证。当室外温度低于−20℃时，尚应具有−20℃冲击韧性的合格保证。

（4）钢管脚手架的连接扣件应符合现行国家标准《钢管脚手架扣件》（GB 15831）的规定，在螺栓拧紧的扭力矩达到65N·m时，不得发生破坏。

（5）架体结构的连接材料应符合下列要求：

1）手工焊接所采用的焊条，应符合现行国家标准《碳钢焊条》（GB/T 5117）或《低合金钢焊条》（GB/T 5118）的规定，焊条型号应与结构主体金属力学性能相适应，对于承受动力荷载或振动荷载的桁架结构宜采用低氢型焊条。

2）自动焊接或半自动焊接采用的焊丝和焊剂，应与结构主体金属力学性能相适应。

3）普通螺栓应符合现行国家标准《六角头螺栓 C 级》（GB/T 5780）和《六角头螺栓》（GB/T 5782）的规定。

4）锚栓可采用现行国家标准《碳素结构钢》（GB/T 700）中规定的 Q235 钢或《低合金高强度结构钢》（GB/T 1591）中规定的 Q345 钢制成。

（6）脚手板可采用钢、木、竹材料制作。其材质应符合下列规定：

1）冲压钢板和钢板网脚手板，其材质应符合现行国家标准《碳素结构钢》（GB/T 700）中 Q235-A 级钢的规定。新脚手板应有产品质量合格证；板面挠曲不得大于 12mm 和任一角翘起不得大于 5mm；不得有裂纹、开焊和硬弯。使用前应涂刷防锈漆。钢板网脚手板的网孔内切圆直径应小于 25mm。

2）竹脚手板包括竹胶合板、竹笆板和竹串片脚手板。可采用毛竹或楠竹制成；竹胶合板、竹笆板宽度不宜小于 600mm，竹胶合板厚度不得小于 8mm，竹笆板厚度不得小于 6mm，竹串片脚手板厚度不得小于 50mm。腐朽、发霉的竹脚手板不得使用。

3）木脚手板应采用杉木或松木制作，其材质应符合现行国家标准《木结构设计规范》（GB 50005）中Ⅱ级材质的规定。板宽度不得小于 200mm，板厚不得小于 50mm，两端应用 ϕ4mm 镀锌钢丝各绑扎两道。

4）胶合板脚手板，应选用现行国家标准《胶合板第 3 部分：普通胶合板通用技术条件》（GB/T 9846.3）中的Ⅱ类普通耐水胶合板，厚度不得小于 18mm，底部木方间距不得大于 400mm，木方与脚手架杆件应用钢丝绑扎牢固，胶合板脚手板与木方用钉子钉牢。

（7）附着式升降脚手架构配件出现下列情况之一的，应更换或报废：

1）构配件出现塑性变形的。

2）构配件锈蚀严重，影响承载能力和使用功能的。

3）防坠落装置的组成部件任何一个发生明显变形的。

4）弹簧件使用一个单体工程后。

5）穿墙螺栓在使用一个单体工程后，凡发生变形、磨损、锈蚀的。

6）钢拉杆上端连接板在单项工程完成后，出现变形和裂纹的。

7）电动葫芦链条出现深度超过 0.5mm 咬伤的。

8）液压升降装置主要部件损坏。

4.1.3　附着式升降脚手架的设计要求

（1）附着式升降脚手架的设计应符合现行国家标准《钢结构设计规范》（GB 50017）、《冷弯薄壁型钢结构技术规范》（GB

50018)、《混凝土结构设计规范》（GB 50010）以及其他相关的国家与行业标准的规定。

（2）附着式升降脚手架架体结构、附着支承结构、防倾装置、防坠装置的承载能力应按概率极限状态设计法的要求采用分项系数设计表达式进行设计，应进行下列设计计算。

1）竖向主框架构件强度和压杆的稳定计算。

2）水平支承桁架构件的强度和压杆的稳定计算。

3）脚手架架体构架构件的强度和压杆稳定计算。

4）附着支承结构构件的强度和压杆稳定计算。

5）附着支承结构穿墙螺栓以及建筑物混凝土结构螺栓孔处局部承压计算。

6）连接节点计算。

（3）竖向主框架、水平支承桁架、架体构架应根据正常使用极限状态的要求验算变形。

（4）附着式升降脚手架的索具、吊具应按有关机械设计规定，按容许应力法进行设计。

4.1.4 附着式升降脚手架的构造措施

（1）附着式升降脚手架结构构造的尺寸应符合以下规定：

1）架体结构高度不得大于5倍楼层高。

2）架体宽度不得大于1.2m。

3）直线布置的架体支承跨度不得大于7m，折线或曲线布置的架体，相邻两主框架支撑点处的架体外侧距离不得大于5.4m。

4）架体的水平悬挑长度不得大于2m，且不得大于跨度的1/2。

5）架体全高与支承跨度的乘积不应大于110m²。

（2）附着式升降脚手架应在附着支承结构部位设置与架体高

度相等的与墙面垂直的定型的竖向主框架，竖向主框架应采用桁架或刚架结构，其杆件连接的节点应采用焊接或螺栓连接，并应与水平支承桁架和架体构架构成有足够强度和支撑刚度的空间几何不变体系的稳定结构。竖向主框架结构构造应符合下列规定：

1）竖向主框架可采用整体结构或分段对接式结构。结构形式应为竖向桁架或门形刚架形式等。各杆件的轴线应汇交于节点处，并应采用螺栓或焊接连接，如不交汇于一点，必须进行附加弯矩验算。

2）当架体升降采用中心吊时，在悬臂梁行程范围内竖向主框架内侧水平杆去掉部分的断面，必须采取可靠的加固措施。

3）主框架内侧应设有导轨。

（3）在竖向主框架的底部应设置水平支承桁架，其宽度应与主框架相同，平行于墙面，其高度不宜小于1.8m。水平支承桁架结构构造应符合下列规定：

1）桁架各杆件的轴线应相交于节点上，并宜采用节点板构造连接，节点板的厚度不得小于6mm。

2）桁架上下弦应采用整根通长杆件，或设置刚性接头。腹杆上下弦连接应采用焊接或螺栓连接。

3）桁架与主框架连接处的斜腹杆宜设计成拉杆。

4）架体构架的立杆底端必须放置在上弦节点各轴线的交汇处。

5）内外两片水平桁架的上弦和下弦之间应设置水平支撑杆件，各节点应采用焊接或螺栓连接。

6）水平支承桁架的两端与主框架的连接，可采用杆件轴线交汇于一点，且为能活动的铰接点；或将水平支承桁架放在竖向主框架的底端的桁架框中。

（4）附着支承结构应包括附墙支座、悬臂梁及斜拉杆，其构造应符合下列规定：

1）竖向主框架所覆盖的每个楼层处应设置一道附墙支座。

2）在使用工况时，应将竖向主框架固定于附墙支座上。

3）在升降工况时，附墙支座上应设有防倾、导向的结构装置。

4）附墙支座应采用锚固螺栓与建筑物连接，受拉螺栓的螺母不得少于两个或应采用弹簧垫圈加单螺母，螺杆露出螺母端部的长度不应少于3扣，并不得小于10mm，垫板尺寸应由设计确定，且不得小于100mm×100mm×10mm。

5）附墙支座支承在建筑物上连接处混凝土的强度应按设计要求确定，且不得小于C10。

（5）架体构架宜采用扣件式钢管脚手架，其结构构造应符合现行行业标准《建筑施工扣件式钢管脚手架安全技术规范》（JGJ 130）的规定。架体构架应设置在两竖向主框架之间，并应以纵向水平杆与之相连，其立杆应设置在水平支承桁架的节点上。

（6）水平支承桁架最底层应设置脚手板，并应铺满铺牢，与建筑物墙面之间也应设置脚手板全封闭，宜设置可翻转的密封翻板。在脚手板的下面应用安全网兜底。

（7）架体悬臂高度不得大于架体高度的 2/5，且不得大于 6m。

（8）当水平支承桁架不能连续设置时，局部可采用脚手架杆件进行连接，但其长度不得大于 2.0m，且应采取加强措施，确保其强度和刚度不得低于原有的桁架。

（9）物料平台不得与附着式升降脚手架各部位和各结构构件相连，其荷载应直接传递给建筑工程结构。

（10）当架体遇到塔吊、施工升降机、物料平台需断开或开洞时，断开处应加设栏杆和封闭，开口处应有可靠的防止人员及物料坠落的措施。

（11）架体外立面必须沿全高设置剪刀撑，并应将竖向主框架、水平支承桁架和架体连成一体，剪刀撑斜杆水平夹角应为45°～60°；应与所覆盖的架体构架上的每个主节点的立杆或横向水平杆伸出端扣紧；悬挑端应以竖向主框架为中心成对设置对称斜拉杆，其水平夹角应不小于45°。

（12）架体结构在以下部位应采取可靠的加强构造措施：

1）与附墙支座的连接处。

2）架体上提升机构的设置处。

3）架体上防坠、防倾装置的设置处。

4）架体吊拉点设置处。

5）架体平面的转角处。

6）架体因碰到塔吊、施工升降机、物料平台等设施而需要断开或开洞处。

7）其他有加强要求的部位。

（13）附着式升降脚手架的安全防护措施应满足以下要求：

1）架体外侧应采用密目式安全立网全封闭，密目式安全立网的网目密度不应低于2000目/100cm²，且应可靠地固定在架体上。

2）作业层外侧应设置1.2m高的防护栏杆和180mm高的挡脚板。

3）作业层应设置固定牢靠的脚手板，其与结构之间的间距应满足现行行业标准《建筑施工扣件式钢管脚手架安全技术规范》（JGJ 130）的规定。

（14）附着式升降脚手架构配件的制作应符合以下要求：

1）应具有完整的设计图纸、工艺文件、产品标准和产品质量检验规程；制作单位应有完善有效的质量管理体系。

2）制作构配件的原材料和辅料的材质及性能应符合设计要求，并按规定对其进行验证和检验。

3）加工构配件的工装、设备及工具应满足构配件制作精度的要求，并定期进行检查。工装应有设计图纸。

4）构配件应按照工艺要求及检验规程进行检验。对附着支承结构，防倾、防坠落装置等关键部件的加工件应进行100％检验。构配件出厂时，应提供出厂合格证。

（15）附着式升降脚手架应在每个竖向主框架处设置升降设备，升降设备宜采用电动葫芦或电动液压设备，单跨升降时可采用手动葫芦，并应符合以下规定：

1）升降设备应与建筑结构和架体有可靠连接。

2）固定电动升降动力设备的建筑结构必须安全可靠。

3）设置电动液压设备的架体部位，应有加强措施。

4.2 常用附着式升降脚手架的构造和工作原理

4.2.1 单跨式附着升降脚手架

仅有两个提升装置并独自升降的附着式升降脚手架，统称为单跨式附着升降脚手架，主要有单跨套框（管）式和单跨互爬式两种形式。

（1）单跨套框附着式升降脚手架

1）架体构造形式

单跨套框附着式升降脚手架主要是由固定内架和外套架等组成，每跨内、外架均有固定螺栓与建筑物固定，两跨爬架之间用钢管、扣件连接，步距通常为1.8m，覆盖高度为两层半的建筑高度，如图4-2所示。

2）升降原理

提升时固定内架，在内架的顶部安装手动葫芦，吊钩钩牢外

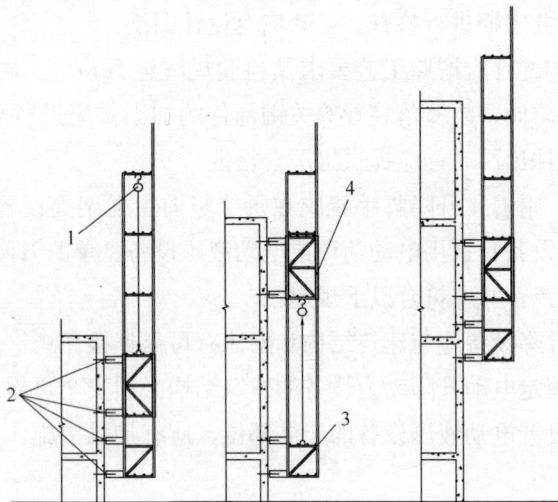

图 4-2　单跨套框附着升降式脚手架示意图

1—手动葫芦；2—螺栓附着拉结；3—固定内架；4—外套架

套架上部吊耳，放松并拆下外套架穿墙螺栓，每跨两端同时拉动手动葫芦提升外套架，外套架提升到位后用穿墙螺栓与建筑物结构做可靠固定，提升的距离可以一次提升一层建筑高度或在建筑物结构上设置休息孔分两次提升一层建筑高度，外套架就位后用穿墙螺栓固定外套架，再将手动葫芦移到外套架下端，拆除内架的穿墙螺栓后提升内架，提升到位后用穿墙螺栓将内架与建筑物结构固定，即完成了一层的提升。下降的操作步骤与上升相反。

3）主要特点

①结构简单。架体自重相对比较轻，提升设备简单（用手动葫芦提升，在完成提升或下降后可以转移），且配备数量少，成本低。

②单跨套框（管）附着式升降脚手架只能一组一组提升或下降，从目前来看大多数单跨套框（管）附着式升降脚手架无防坠落装置，尚不符合建设部对于附着式升降脚手架的安全技术

规定。

③对较复杂的建筑立面如外凸阳台、空调机搁板处附着式升降脚手架布置较难。

（2）单跨互爬附着式升降脚手架

单跨互爬附着式升降脚手架是由两片定型焊接的片式框架与钢管、扣件搭设成一组单跨脚手架，对一幢高层建筑的脚手架围护施工，需若干组片式脚手架，脚手架的高度一般需覆盖建筑物三个层高，脚手架提升或下降时，被提升（或下降）的相邻两组单跨脚手架与建筑物固定，在固定脚手架的高处各安装一只手动葫芦，葫芦通过钢丝绳挂牢被提升（或下降）单跨脚手架的下方，操作人员站在固定脚手架上，同步拉葫芦提升（或下降）脚手架，就位后与建筑物用穿墙螺栓固定。用同样方法提升（或下降）所有单组片式脚手架，即完成一个建筑层高的脚手架提升或下降，如图4-3所示。

单跨互爬附着式升降脚手架的特点是结构简单，操作简便，重量比同类脚手架轻，施工成本低，但在提升（或下降）时晃动

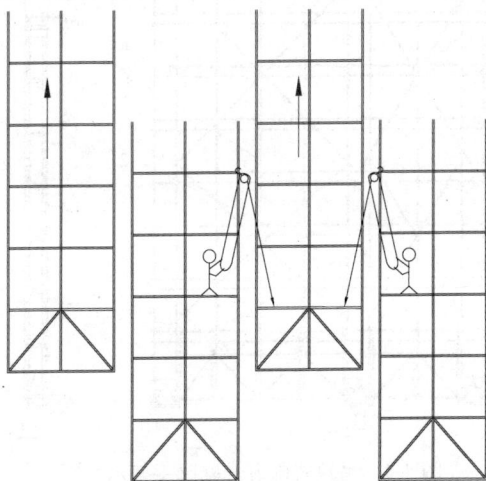

图4-3　单跨互爬附着式升降脚手架示意图

较大。

4.2.2 吊拉式附着升降脚手架

吊拉式附着升降脚手架是由架体结构、附着支承结构、防倾覆装置、防坠落装置、升降动力设备、电控设备、同步控制装置和防护部分组成。

（1）架体构造形式

如图 4-4 所示，吊拉式附着升降脚手架，架体结构是由竖向主框架、水平支承桁架、工作脚手架三部分组成。其中，竖向主框架、水平支承桁架构成主体结构。在主框架内水平支承桁架之上搭设工作脚手架，工作脚手架通常由钢管、扣件搭设而成，如图 4-5 所示。

竖向主框架要承受架体自重荷载和施工荷载，还要承受由纵向水平杆传到竖向主框架上的风荷载。因此，竖向主框架必须具

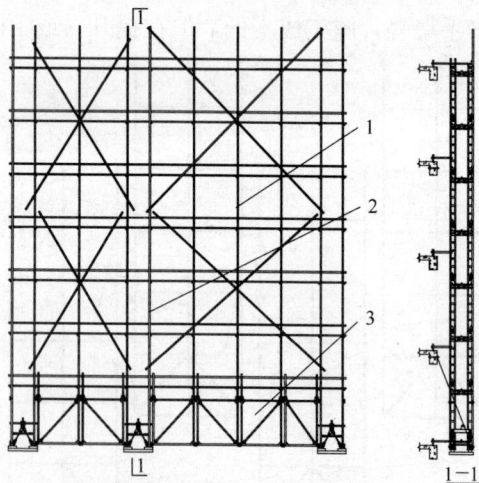

图 4-4　吊拉式附着升降脚手架示意图
1—工作脚手架；2—竖向主框架；3—水平支承桁架

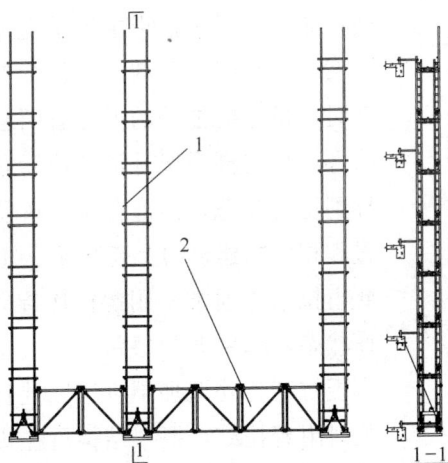

图 4-5 吊拉式附着升降脚手架主体部分示意图

1—竖向主框架；2—水平支承桁架

有抵抗风荷载的强度和刚度要求。

在制作时，主框架宜定型焊接成标准节，标准节间可以拼接，拼接形式可用花篮螺栓连接，也可用连接板螺栓连接。

水平支承桁架主要承受架体自重荷载和工作脚手架传来的荷载，如模板、钢管、扣件、安全网、施工人员等，荷载通过架体的纵横向水平杆传向立杆，再传到架体底部的水平支承桁架。水平支承桁架必须要有足够的强度和刚度，一般是采用型钢或钢管加工成桁架形式。

工作脚手架通常采用钢管、扣件搭设而成，立杆放置于水平支承桁架上，纵向水平杆与竖向主框架相连。

吊拉式附着升降脚手架的附着支承结构通常又分为两种情况：一种是处于工作状态和非工作状态时的附着支承结构，另一种是处于升降状态时的附着支承结构。

工作状态和非工作状态的附着支承结构，如图 4-6 所示。工作状态是指脚手架主要承受竖向的施工荷载、自重荷载和风荷

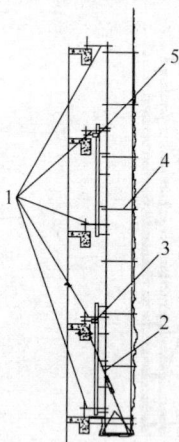

图 4-6 工作状态
和非工作状态的
附着支承结构示意图
1—附着拉结；2—下斜
拉杆；3、5—防倾覆装
置；4—脚手架

载；非工作状态是指主要承受风荷载和自重荷载，没有施工荷载。工作状态和非工作状态时，每一机位处的下部有两根可调节的斜拉杆，且在脚手架升降到位后必须调节斜拉杆到受力状态，另外在每一机位处主框架位置和相应的建筑物上应设置一组附着拉结点，此组拉结点通常采用螺栓连接的方式。非工作状态，脚手架的每跨、每一层的剪力墙的模板拉结孔处增加不少于二处且均匀分布的临时附着拉结，框架结构可在边梁处设预埋钢管与脚手架主框架立杆临时拉结。附着支承结构是吊拉式附着升降脚手架正常工作而不发生倾倒的非常重要的措施。

吊拉式附着升降脚手架升降状态的附着支承结构，如图 4-7 所示，主要是由一个悬挂梁、二根附墙的斜拉杆和穿墙螺栓以及防倾覆的导向轮组等组成。悬挂梁端部下方的吊环用于挂放电动环链葫芦。当脚手架处于升降状态时，上述工作和非工作状态的所有附着拉结都已拆除，其附着支承结构只有若干根悬挂梁下方的电动环链葫芦吊挂架体和防倾覆装置。升降时吊点的受力很大，且是变化的，其变化范围一般在 20～60kN 之间。吊点受力变化与架体结构形式、所用提升设备及提升时同步控制方法等有着密切的关系。提升时的悬挂梁、上部的可调节斜拉杆、穿墙螺栓除设计上要有足够的强度和刚度外，每次升降前的安装质量也是非常重要的。

（2）升降原理

吊拉式附着升降脚手架的升降原理，如图 4-8 所示。

第一步提升前准备工作 [图 4-8 (a)]

搭设吊拉式附着升降脚手架，安装下斜拉杆，安装每一层附着拉结，吊拉式附着升降脚手架共搭设四个建筑层高再加 1.5m 围护高度，在第二层与第四层的楼层面安装抗倾覆导向轮，每个机位安装一只防坠器和同步控制系统，安装悬挂梁，挂低速电动环链葫芦。提升或下降前将电动葫芦的吊钩与上面的吊环挂牢，调整电动环链葫芦的旋转方向一致，逐个启动低速电动环链葫芦使其链条受力预紧，但不能拉动脚手架。

第二步提升（或下降）［图 4-8（b）］

翻转底板上的翻板，拆除脚手架与建筑物之间的防护，拆除所有脚手架与建筑物之间的附着拉结，最后拆除脚手架机位处的下部斜拉杆，启动控制开关，同步提升（或下降）脚手架。

第三步提升（或下降）后安全防护［图 4-8(c)］

脚手架提升（或下降）一个层高到预定位

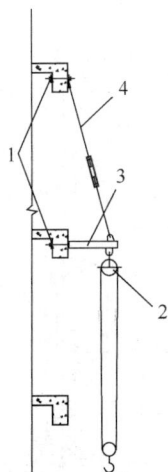

图 4-7 吊拉式附着升降脚手架升降状态附着支承结构示意图

1—穿墙螺栓；2—电动葫芦；3—悬挂梁；4—上斜拉杆

置后，先安装机位处下部斜拉杆（斜拉杆的花篮螺栓不要调紧），再调整架体垂直度，然后安装每个机位与建筑物之间的附着拉结，最后收紧下部斜拉杆的花篮螺母，并安装架体与建筑物之间的防护。

第四步下次提升（或下降）准备［图 4-8（d）］

松开电动葫芦吊钩，拆除悬挂梁并转向上一层安装，为下一次提升（或下降）作准备。

（3）主要特点

1）最显著的特点是吊点位置与重心位置重合，并设有防倾、防坠装置，升降平稳。底部水平承力桁架受力均匀，变形很小，

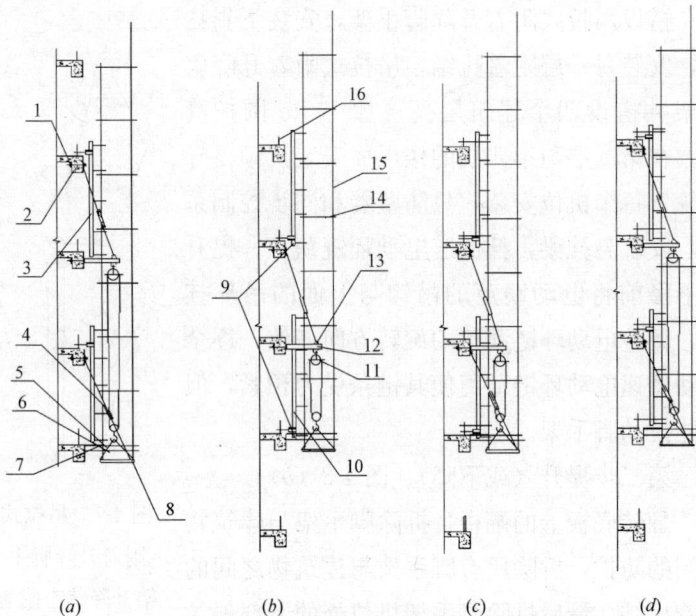

图 4-8　吊拉式附着升降脚手架提升原理示意图

(*a*) 第一步；(*b*) 第二步；(*c*) 第三步；(*d*) 第四步

1—螺母；2—穿墙螺栓；3—上吊臂斜拉杆；4—承力托架斜拉杆；
5—脚手板；6—承力托架；7—安全网；8—花篮螺栓；9—防倾导
向装置；10—钢管；11—电动葫芦；12—上吊臂；13—螺栓；
14—工作脚手架；15—密目网；16—附着预埋件

可避免偏心升降时产生的力偶对导轨引起的变形。

2）提升的悬挂梁是固定在建筑物上不动的，升降时，建筑物与脚手架有一个相对运动，必须避让悬挂梁，因此在吊拉式附着升降脚手架的第二至第四步机位处的纵向水平杆要断开一定的距离（约600mm），以便悬挂梁与脚手架有一个相对运动而不相碰。脚手架的第二至第四步在机位处的操作面是不连续的。

4.2.3　导轨式附着升降脚手架

(1) 架体构造形式

导轨式附着升降脚手架与吊拉式一样，由架体结构、附着支承结构、防倾覆装置、防坠落装置、升降动力设备、电控设备、同步控制装置、防护部分组成，架体结构同样包含了竖向主框架、底部桁架和工作脚手架图 4-9。不同的是，导轨式附着升降脚手架的附着形式是将导轨附着在建筑物上，且连续多支承点附着，脚手架的架体、抗倾覆装置均附着在导轨上。工作状态和非工作状态架体除附着在导轨上外，还在架体的底部和架体的中间的内外两侧设置有与建筑物连接的斜拉杆。另外，导轨式附着升降脚手架每个机位处的竖向主框架只有一榀，而吊拉式竖向主框架有二榀，主要考虑到吊拉式附着升降脚手架升降时要避让悬挂梁，而导轨式附着升降脚手架的电动葫芦安装在架体内侧的外部，不会阻碍导轨式附着升降脚手架的升降。

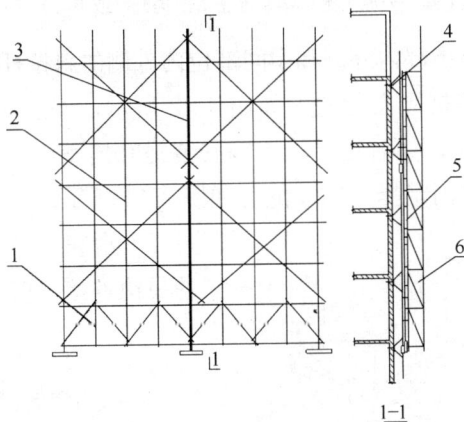

图 4-9　导轨式附着升降脚手架

1—水平支撑桁架；2—工作脚手架；3—竖向主框架；

4—附墙支座；5—导轨；6—架体

（2）导轨式附着升降脚手架的升降原理

如图 4-10 所示，为导轨式附着升降脚手架的升降原理示意图。

第一步，准备提升（或下降）

沿建筑物竖向安装导轨，并固定在建筑物上，如图 4-11 所

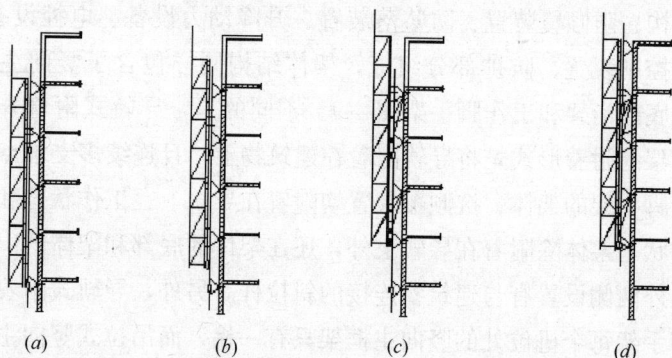

图 4-10　导轨式附着升降脚手架升降原理示意图

（a）准备提升（或下降）工况；（b）提升（或下降）工况；（c）提升

（或下降）完成工况；（d）准备下次提升（或下降）工况

示；安装架体下部内外侧和中间部位内外侧的斜拉杆，在每处附墙支承处安装抗倾覆导轮，如图 4-12 所示；安装防坠器组件，如图 4-13 所示；然后在导轨上部安装提升挂座，其一侧挂电动葫芦，另一侧固定提升钢丝绳，如图 4-14 所示；提升钢丝绳绕过提升滑轮组件同电动葫芦的吊钩连接；安装同步控制

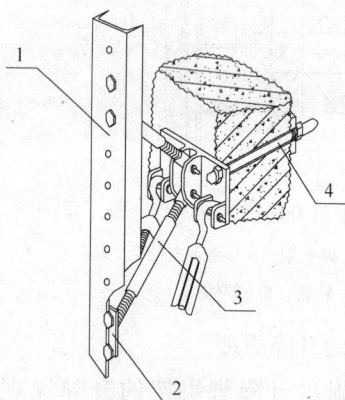

图 4-11　安装导轨

1—导轨；2—拉杆座用销轴；

3—可调拉杆；4—预埋件

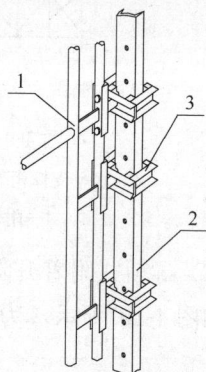

图 4-12　安装抗倾覆导轮

1—竖向主框架；2—导轨；3—导轮组

系统；提升或下降脚手架前启动电动葫芦收紧环链，使每一台电动葫芦受力预紧，但不能拉动脚手架。

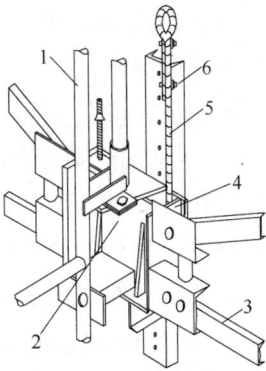

图 4-13　带防坠器滑轮组

1—竖向主框架；2—提升滑轮组件；
3—水平承力桁架；4—防坠落装置；
5—提升钢丝绳；6—导轨

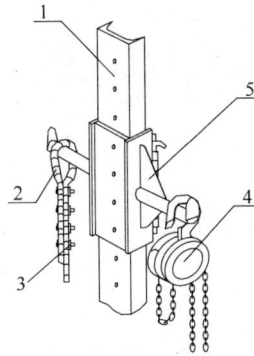

图 4-14　提升挂座

1—导轨；2—提升钢丝绳；3—钢卡；
4—提升葫芦；5—提升挂座

第二步，提升（下降）

拆除脚手架下部内外侧的斜拉杆，拆除脚手架中间部位内外侧的斜拉杆，拆除架体与建筑物之间的安全防护，拆除所有脚手架与建筑物之间的所有附着拉结，最后启动电动葫芦，同步提升（或下降）脚手架。

第三步，提升（下降）完成

脚手架提升（或下降）到预定位置后，安装脚手架下部内外侧的斜拉杆，安装脚手架中间部位内外侧的斜拉杆，在每层安装架体与建筑物之间的附着拉结，安装架体与导轨的限位锁，如图4-15所示；安装恢复架体与建筑物之间的安全防护。

第四步，准备下次提升（下降）

松开电动葫芦吊钩，拆除最下一段导轨向上端安装，拆卸导轨上部的提升挂座，将提升挂座向上一层安装，一侧挂电动葫芦，另一侧固定提升钢丝绳，提升钢丝绳绕过提升滑轮组件与电

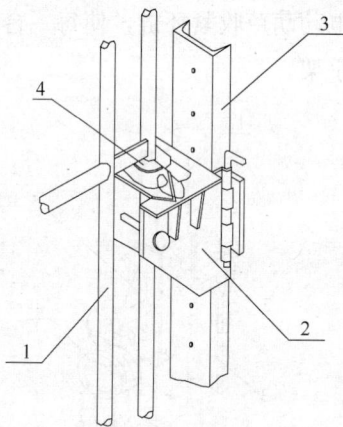

图 4-15　限位锁

1—竖向主框架；2—限位锁；

3—导轨；4—限位锁卡

动葫芦的吊钩连接，为下一次提升作准备。

导轨式附着升降脚手架下降时则反向操作。

（3）主要特点

1）电动葫芦安装在导轨的侧面，在升降时与架体不会相互阻碍，机位处的纵向水平杆无需断开，导轨式附着升降脚手架每步的操作面是连续的。

2）架体的重心位置一般都在横截面的中心向外偏的位置，导轨式附着升降脚手架属于偏心升降，因架体的自重较重，升降时上下抗倾覆装置作用于导轨的力偶较大，会使导轨产生变形。

3）使用提升滑轮组件，提升倍率为2，提升设备（电动葫芦）的额定荷载可以减小一半，但电动葫芦的环链长度要增加一倍。

4.2.4　导座式附着升降脚手架

导座式附着升降脚手架是在附墙支承结构上加装防倾导向装置，主框架一侧作为导轨；脚手架升降时，主框架导轨沿附墙支承上的导向装置作直线运动。从而达到脚手架的升降功效。

（1）架体构造

导座式附着升降脚手架主要由架体结构、附着支承结构、升降动力设备、电控系统、防倾覆装置、防坠落装置、同步荷载装置以及防护部分组成。附墙支承上安装导向防倾轮及调节装置。架体结构是由竖向主框架、水平支承桁架和工作脚手架三部分组成。如图

174

4-16所示为某型号导座式附着升降脚手架上吊环与附着支承结构（支座）和主框架组装图；图4-17为调节顶撑与主框架-附墙支座关

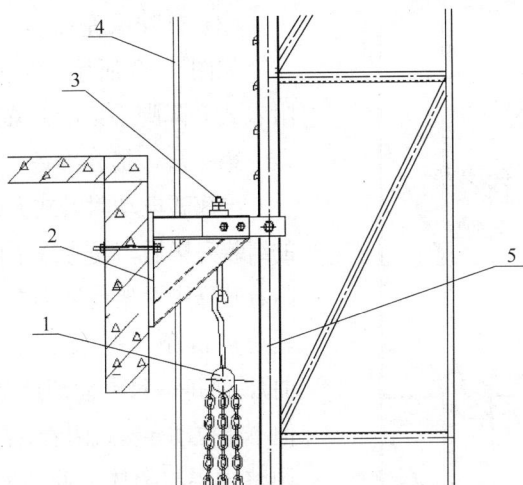

图 4-16 上吊环与附着支承结构（支座）和主框架组装图

1—电动葫芦总成；2—附墙支座；3—上吊环；4—防坠杆；5—主框架

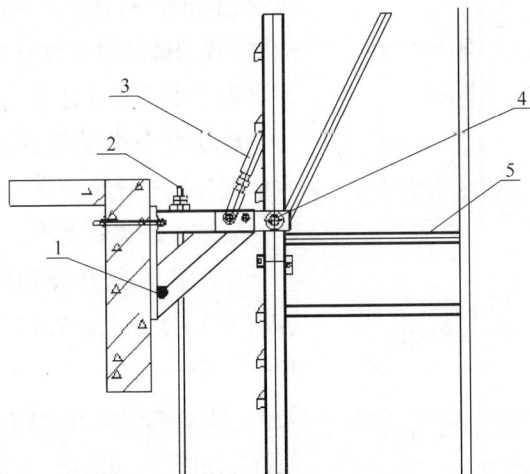

图 4-17 调节顶撑与主框架-附墙支座关系图

1—附墙支座；2—防坠杆；3—调节顶撑；4—防倾导向轮；5—竖向主框架

系图，展示架体升降后主框架与附着支承结构的固定方式；图 4-18 为架体竖向剖面图。

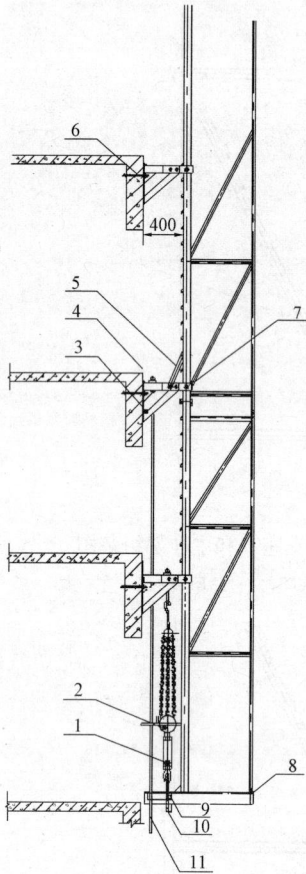

图 4-18　导座式附着升降
脚手架竖向剖面图
1—同步装置；2—电动葫芦；
3—附墙支座；4—防坠杆；
5—调节顶撑总成；6—穿墙
螺栓；7—导向轮总成；
8—主框架下节；9—防坠器；
10—防坠杆；11—下吊环

（2）升降原理

如图 4-19 所示，导座式电动附着式升降脚手架的升降程序。

第一步，提升准备

导座式电动附着式升降脚手架的组装完毕后，提升或下降导座式附着升降脚手架前启动电动葫芦收紧葫芦链条（链条不得翻链、扭曲），使每一只电动葫芦受力预紧，但不能拉动导座式附着升降脚手架。调整楼层与架体之间的安全防护，使楼层与架体之间有一定距离。拆除所有导座式附着升降脚手架与建筑物之间的所有连接，清除所有影响脚手架升降的障碍物。

第二步，提升过程

启动所有电动葫芦，脚手架主框架导轨沿导座作直线运动。

第三步，提升完毕

导座式附着升降脚手架提升（或下降）到指定位置后，安装调节顶撑。做好楼层与架体之间的安全防护。安装附着式升降脚手架与建筑物之间的每一层附着拉结。

第四步，准备下次提升工作

松开电动葫芦吊钩，将底层附墙支承拆除并安装到最上层，

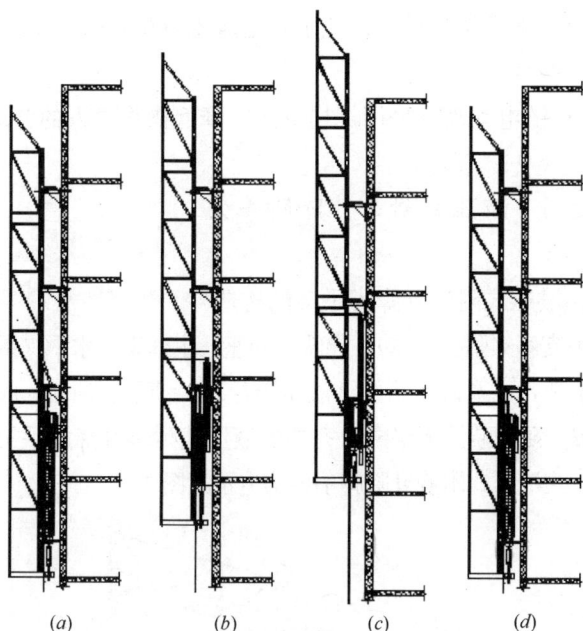

图 4-19　导座式升降脚手架升降原理

(a) 提升准备；(b) 提升过程；(c) 提升完毕；(d) 准备下次提升

调整电动葫芦链条、防坠杆。为下一次提升（或下降）作准备。导座式附着升降脚手架下降则反向操作。

（3）主要特点

1）导座式附着升降脚手架的提升设备在脚手架的内侧升降时属偏心吊，因架体的自重较重，升降时防倾覆装置作用于导轨上的力偶会使其产生变形。

2）附墙支承上安装有导向防倾装置、防坠吊杆、提升吊环及调节顶撑，实现了附墙支承的多功能化。

3）在脚手架提升时，调节顶撑也同时起到防坠功能。

4）防坠器安装在提升梁内部，可有效防污，以避免因污物造成防坠器失灵。

5）因水平桁架套装在主框架内部，在脚手架安装时，主框架可相对水平桁架移动，避免了因附墙支承位置的变动而造成的主框架弯曲变形。

6）环链电动葫芦采用倒挂方式，降低操作工人的劳动强度。

4.2.5 液压式附着升降脚手架

（1）液压式附着升降脚手架的构造

附墙支座（附着支承）、导轨（导座）主框架、水平支承桁架和工作脚手架，以及液压系统（液压千斤顶、油泵、油路、阀门等）、防坠装置、防倾装置等组成了完整的液压式附着升降脚手架。如图4-20所示为液压式附着升降脚手架构造示意图。

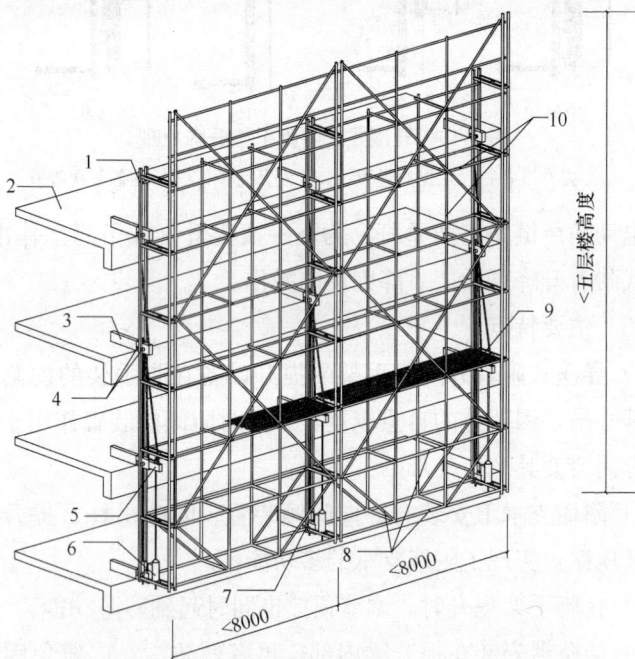

图 4-20　液压式附着升降脚手架构造示意图
1—竖向主框架；2—建筑结构混凝土楼面；3—附着支承结构；
4—导轨及防倾覆装置；5—悬臂（吊）梁；6—液压升降装置；
7—防坠落装置；8—水平支承结构；9—工作脚手架；10—架体结构

（2）升降原理

电动机带动齿轮泵旋转，液压油由油箱经滤油器、溢流阀、手动换向阀、胶管针阀、油管（钢管或胶管）至穿心式千斤顶双向作用油缸形成回路。千斤顶固定在主框架下部，爬杆固定在提升附墙支座上，提升（下降）时，千斤顶沿爬杆动作，带动架体上升（下降）。

调整溢流阀，设定高压油路油压为 10MPa，低压油路油压为 5MPa。

（3）主要特点

1）采用液压系统控制，升降平稳。

2）具有防超载功能、同步控制功能和防坠落功能，安全性能好。

3）相对于电动式附着式升降脚手架，制作成本高。

4.3　附着式升降脚手架的提升设备及动力控制系统

4.3.1　附着式升降脚手架的提升设备

（1）电动环链葫芦

电动附着式升降脚手架的升降动力装置一般采用低速环链葫芦，低速环链葫芦由行星减速机构加上一般的减速机构组成，其传动比很大，提升速度为 8～12cm/min。

电动机转动，通过行星减速器的减速，输出转速和动力，带动葫芦上的长轴旋转，使葫芦进行工作。切断电源时，葫芦停止工作，重物即停在相应的位置上。

电动附着式升降脚手架常采用的 DHP 型电动葫芦的主要参数见附表 4-1。

表 4-1

DHP 型电动葫芦主要参数

参数＼型号	DHT1	DHT1.5	DHT2	DHT3	DHT5	DHT10	DHT20	DHT-M5	DHT-M10	DHT-M20
额定载荷（t）	1	1.5	2	3	5	10	20	5	10	20
实验载荷（t）	$1.5G_n$	$1.5G_n$	$1.5G_n$	$1.5G_n$	$1.25G_n$	$1.25G_n$	$1.25G_n$	$1.25G_n$	$1.25G_n$	$1.25G_n$
电机型号	YHHP									
电机功率	0.3	0.3	0.3	0.3	0.75	0.75	0.75	0.5	0.5	0.5
开关类型	防雨型重控开关									
电源	380V 50Hz									
提升速度（m/min）	0.9	0.9	0.45	0.45	0.46	0.23	0.23	0.18	0.09	0.09
两钩间最小距离（mm）	270	350	380	470	600	700	1000	600	700	1000
起重链行数	1	1	2	2	2	4	8	2	4	8
标准提升高度（m）	2.5	2.5	2.5	3	3	3	3	3	3	3
起重链圆钢直径（mm）	6	8	6	8	10	10	10	10	10	10
净重（kg）	26	32	30	37	54	88	195	53.5	87.5	194
装箱毛重（kg）	28	34	32	42	65	102	235	65	102	235
装箱尺寸（cm）	33×34×34	33×34×34	33×34×34	33×34×34	43×36×43	50×50×43	72×72×85	43×36×43	50×50×43	72×72×85
起重高度每增加1m增加的重量（kg）	0.835	1.46	1.67	2.92	4.52	9.04	18.08	4.52	9.04	18.08

电动葫芦的使用应当注意以下安全事项：

1）必须严格按照说明书有关规定，以确保使用正确，运行安全。

2）外接电源必须符合说明书要求。

3）每次使用时必须确认机件完好无损，传动部分及起重链条润滑良好，制动灵敏可靠，平时应定期检查各零部件是否正常，有无松动、裂纹、漏油等现象。

4）开机前，必须理顺起重链条，严禁在扭转、打结的情况下使用。

5）试运行检查传动是否平稳，链轮与起重链条是否正确咬合。

6）起吊重物前应检查上下吊钩是否勾牢，严禁重物吊在吊钩尖端等情况下操作。

7）起吊时严禁人员在重物下做任何工作或行走。

8）严禁超载使用。

9）运行时注意随时观察，出现异常立即停机，查明原因，排除故障后方可继续使用。

10）不可随意拆卸设备，如需更换零件或正常维修，必须由专业人员负责或指导下进行。

11）经检修后的设备必须进行空载和重载试验确认运行正常，方可投入使用。

12）必须注意维护和保养，在运输、转移使用场所及使用过程中，严禁敲打、碰撞。使用完毕应将设备上的泥垢擦净，存放在干燥地点，防止受潮，生锈和腐蚀。

13）应当按照说明书要求更换润滑油。

（2）液压升降装置

液压式附着升降脚手架的液压升降动力装置通常采用穿心式千斤顶，图 4-21 所示，为穿心式千斤顶结构示意图。

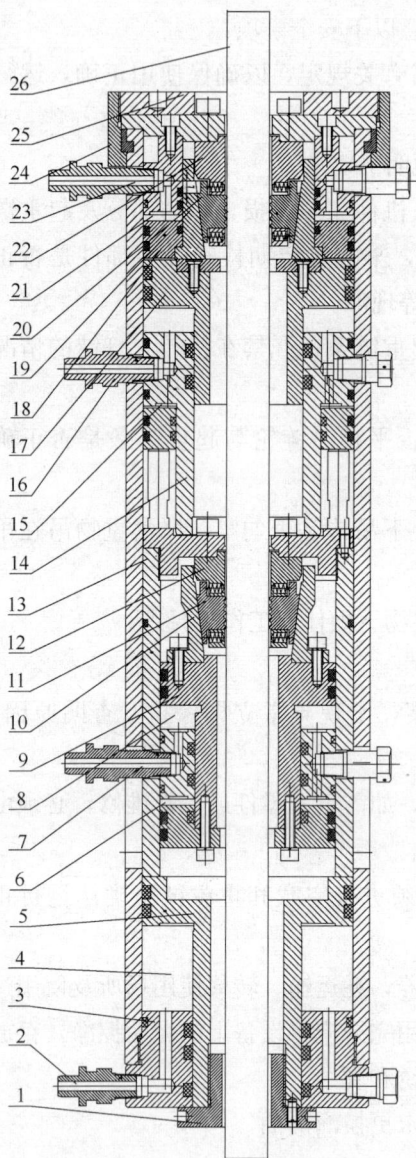

1—行程盖帽；2—主油缸进油口；3—主缸盖；4—主活塞腔；5—主活塞；6—上锁紧机构回油腔；7—上锁紧机构进油口；8—上锁紧机构进油腔；9—上锁紧机构活塞；10—上锁紧机构锁紧卡块套；11—锁紧卡块；12—锁紧卡块支座；13—副缸筒；14—副缸筒支承油缸内柱；15—副缸筒支承油缸活塞；16—下锁紧机构进油嘴；17—下锁紧机构活塞；18—下锁紧机构锁紧卡块套固定座；19—下锁紧机构锁紧卡块套；20—锁紧卡块；21—下锁紧机构回油腔；22—锁紧卡块支座；23—下锁紧机构回油腔油嘴；24—千斤顶底座；25—千斤顶底部托板；26—爬杆

图 4-21 穿心式千斤顶结构示意图

穿心式千斤顶的工作原理：

（1）上升原理

下锁紧机构锁紧→上锁紧机构松开→副缸支承油缸进油，将副缸及主活塞顶至上部位→上锁紧机构锁紧→下锁紧机构松开→主油缸进油，将千斤顶筒体向上提升一个行程。

（2）下降原理：下锁紧机构锁紧→上锁紧机构松开→主油缸进油，将主活塞及副缸顶至下部→上锁紧机构锁紧→下锁紧机构松开→主油缸回油，千斤顶筒体在重力作用下向下下降一个行程。

4.3.2 附着式升降脚手架的动力控制系统

（1）电动附着式升降脚手架的动力控制系统

电动附着式升降脚手架通常采用若干低速环链电动葫芦作为升降动力群吊升降，每一提升单元，电动葫芦的数量在 25～40 只左右，其工作环境是完全暴露在室外，工作条件比较恶劣，因此在对低速环链葫芦的控制方法上要比其他电气控制严格，电气控制的基本要求必须满足：低速环链葫芦既能单独控制又能群控，为保证升降时方向一致要有防相序控制；由于电动葫芦长期在室外工作，受日晒雨淋，因此要有防漏电、过载、欠载、缺相和短路保护装置；操作控制台应有电压、电流变化的仪表；要有与升降时的同步控制联动，能与防坠装置联动。图 4-22 所示为动力控制系统电气原理图。

（2）液压附着式升降脚手架的动力控制系统

采用液压穿心式千斤顶作为升降动力时，必须由液压泵供油，通过液压控制柜供给各液压穿心式千斤顶液压油，使其正常工作，带动附着式升降脚手架升降。液压式升降脚手架一般只有一台液压泵电动机，电气控制线路比较简单，具有欠压、漏电、过载、缺相保护功能，安全性能较高。

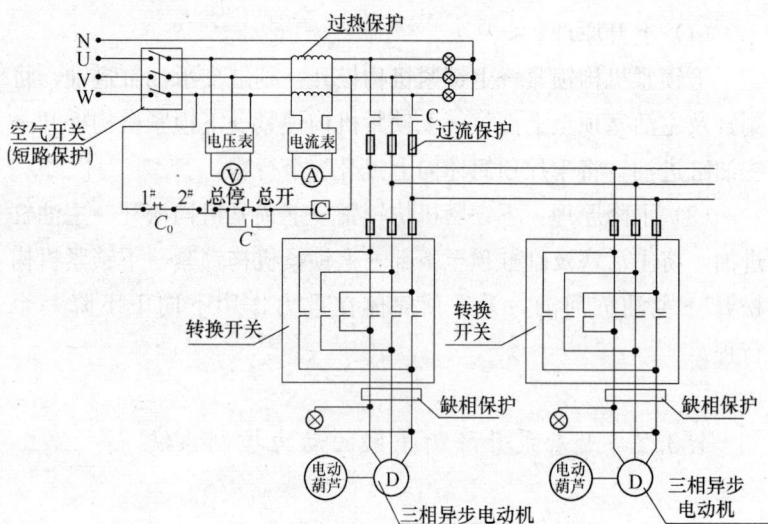

图 4-22　电动附着式升降脚手架动力控制系统电气原理图

4.4　附着式升降脚手架同步控制系统

4.4.1　增量监控系统

（1）增量监控系统的组成

由拉力传感器、控制模块、控制器（计算机）等组成，如图4-23所示。荷载增量监控系统的拉力传感器安装在低速环链葫芦吊钩的下方，每只低速环链葫芦吊钩处安装一只拉力传感器，控制模块紧挨机位最底排上，拉力传感器信号与控制模块连接，每个机位的控制模块使用四芯线并行串接，四芯线再与计算机控制器并行连接，四芯中其中二芯是信号线，另二芯是控制模块工

184

作电压线，计算机控制器中再接出二根总动力电源控制线，当超载或失载时由计算机判别处理，实现自动控制。

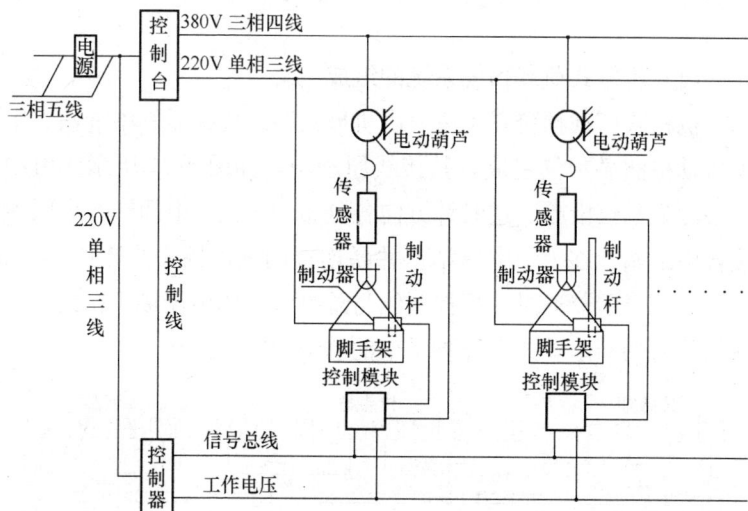

图 4-23　附着式升降脚手架增量监控系统

（2）荷载增量监控系统的同步工作原理

组成荷载增量监控系统的拉力传感器安装在电动葫芦下吊钩上，用于检测荷载引起的电压信号大小的变化；控制模块则将拉力传感器测到的电压信号转换成数字信号，由两芯信号总线向计算机控制器传送；计算机控制器用 70ms 的时间对每一个吊点进行数据采集分析和处理，将采集的数据与预先设定的上、下限"报警"荷载值和上、下限"断电"荷载值进行比较，并作出相应的处理，计算机控制器的显示器上能显示各吊点的实际荷载值和每一吊点当前的状态，状态分为"报警"和"断电"两种。当吊点的实际荷载达到设定"报警"值时，发出报警声，而电动葫芦继续运转。当前吊点荷载达到设定"断电"荷载值时，控制器立即发出信号，自动切断电动葫芦电源并报警。

4.4.2 机械式荷载预警系统

(1) 机械式荷载预警系统的组成

机械式荷载预警系统主要由机械式荷载传感器、中继站、中央自动检测显示仪组成，其接线原理图，如图 4-24 所示。由中央检测显示仪沿顺、逆时针方向各分布一根九芯电缆线，串联连接各中继站，在每个中继站上并联连接四只机械式荷载传感器。中央检测显示仪通过一根控制线与总电气操作柜连接，在机位荷载超值时切断附着式升降脚手架的总动力电源。

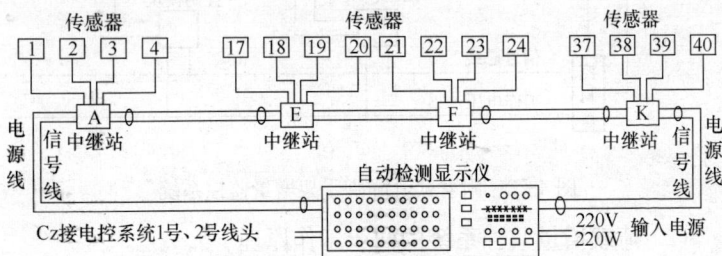

图 4-24　附着式升降脚手架机械式荷载预警系统接线原理图

(2) 机械式荷载传感器的工作原理

1) 机械式荷载传感器

机械式荷载传感器的构造与工作原理，如图 4-25 所示。投入现场使用前，荷载传感器先在专用的标定架上标定预警下限荷载 $P_1 = 10\text{kN}$ 与预警上限荷载 $P_2 = 50\text{kN}$，使顶杆 M_1、M_2 与行程开关 K_1、K_2 的触头分别顶触，并锁定顶杆 M_1、M_2 的紧固螺母。在工程应用中，荷载传感器安装在附着式升降脚手架主框架下部底盘与电动环链葫芦之间，如图 4-26 所示。当机位荷载 $P_1 < P < P_2$（通常取 $P_1 = 10\text{kN}$，$P_2 = 50\text{kN}$）时，外弓形板向内收缩，产生横向总变形 $\Delta_1 = B_0 - B$，推动两块内弓形板向外张开，

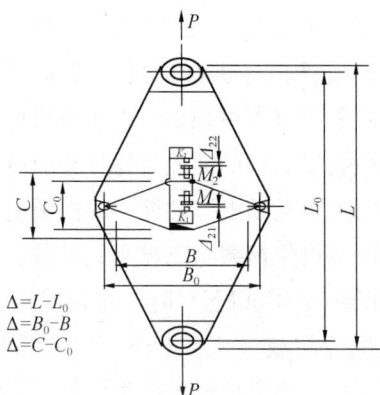

图 4-25　机械式荷载传感器工作原理

产生纵向总变形 $\Delta_2 = C - C_0$。当机位荷载 $P \geqslant P_2$ 时，顶杆 M_2 顶触超载行程开关 K_2，接通超载报警线路；当机位荷载 $P \leqslant P_1$ 时，顶杆 M_1 顶触欠载行程开关 K_1，接通欠载报警线路，即系统在上限荷载 P_1、下限荷载 P_2 上可自动产生安全保护动作。限位开关 K_1、K_2 的工作电路由中央自动检测显示仪供电，并由中继站按序号分配到各荷载传感器。该荷载传感器反应灵敏、构造简单、使用可靠，并有防撞、防水等自身防护措施。

2）中继站

中继站可将由中央检测显示仪发来的扫描脉冲信号分配至所属各传感器，并将各传感器荷载信息反馈至中央检测显示仪，供中央检测显示仪检索、判别、显示。

3）中央检测显示仪

中央检测显示仪为单板计算机。当系统

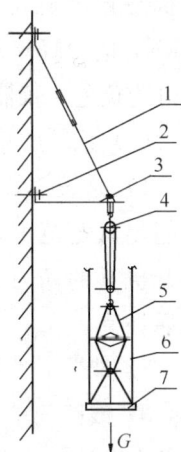

图 4-26　荷载传感器安装示意图

1—上斜拉杆；2—穿墙螺栓；3—悬挂梁；4—电动拉链葫芦；5—荷载传感器；6—升降脚手架；7—承重底盘

187

工作时，中央检测显示仪向中继站发出 1 组/秒的扫描脉冲信号，并接收各中继站的反馈信号进行检测、判别、显示。接收至 40 个机位的反馈信号后，仪器可判别、显示各机位的荷载是否超出预定范围。中央检测显示仪的面板可操作相应按键设置监控机位数及"声音报警"、"自动断电"功能。在面板上每个机位对应一个变光显示灯，可按机位荷载状态显示红、黄、绿三色。当各机位荷载正常（$10kN < P < 50kN$）时，总预警绿灯常亮，各机位绿灯常亮；当某机位超载（$P \geqslant 50kN$）时，蜂鸣器发出报警声响，总预警红灯闪烁，该机位显示灯为红色，同时自动切断总控制柜动力电源，整体停止升降，仪器的声、光报警信号及自动断电状态直至机位故障排除后才能解除；当某机位欠载（$P \leqslant 10kN$）时，蜂鸣器发出报警声响，总预警黄灯闪烁，该机位显示灯为黄色，仪器切断电源。

（3）系统的特点

1）系统工作原理属"边界监视型"，荷载或不同步量一旦超出设定范围，仪器立即自动发出声、光报警信号，切断提升机具的动力电源，反应灵敏迅速，抗干扰能力强，工作可靠性高。

2）能同时监视多机位。

3）线路简单，故障率低；不使用时可拆除中央检测显示仪与各中继站，装入手提箱。

4）安装、操作方便，各传感器、中继站、中央自动检测显示仪之间均采用多芯接插件连接，可据工作需要随时装拆。

5）可在传感器上增加机位声、光报警装置，以提高报警能力。

4.5 附着式升降脚手架的防坠装置

4.5.1 摆针式防坠器

（1）摆针式防坠器的工作原理

横梁组合在附着式升降脚手架架体的主框架的垂直轴线位置，摆针组合在摆针座的壳体内，并固定在主框架同一垂直轴线的建筑结构上，摆针与脚手架作相对运动。当提升或下降时，横梁碰到摆针的短齿，摆针围绕摆针轴心摆动，当短齿碰到横梁时摆针围摆针轴心转动并滑过横梁，摆针反方向设置有一根拉簧，使摆针恢复到原初位置，并等待升降过程中与下一根横梁的碰撞。因正常升降时，升降速度很慢，可以使摆针短齿相碰及滑过横梁，在拉簧作用下恢复初始状态。当发生坠落时，因下落速度很快，且横梁之间的距离是一个设计定值，摆针还没有恢复到初始位置前，摆针上部的长齿挡住了上面一根横梁，因在摆针的转动极限位置设有阻止摆针进一步转动的挡块，所以阻止了附着式升降脚手架向下坠落，起到了防止坠落的作用，如图 4-27 所示。

（2）摆针式防坠器的特点

1）滑移量大，因摆针要有一个转动的半径且要有阻止坠落长度，需要有一定长度的尺寸，再加上摆针转动与升降速度一致，使短横梁之间的距离要略大于摆针的转动半径，实际上当升降脚手架发生坠落时其滑移量是一个短横梁之间的距离。

2）冲击力大。因坠落时滑移量大，对短横梁的强度要求也高。

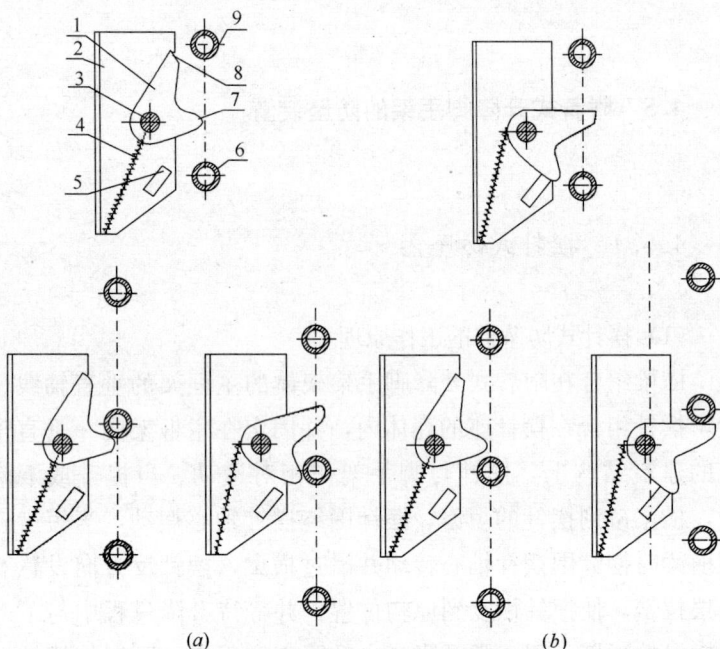

图 4-27　摆针式防坠器工作原理

(a) 正常升降，匀速运行；(b) 快速坠落，下齿阻挡

1—摆针；2—支座；3—转轴；4—弹簧；5—挡块；

6—横梁；7—下齿；8—上齿；9—横梁

4.5.2　斜面滚轮式防坠器

（1）导轨式斜面滚轮式防坠器工作原理，如图 4-28 所示。

该防坠系统是通过提升钢丝绳获取信号，通过斜面自锁的原理，将提升滑轮组锁定在固定的导轨上，起到防坠作用，导轨固定在建筑物结构上，附着式升降脚手架架体搭设在滑轮组箱体上，箱体穿过固定于建筑物的导轨，可沿导轨上、下移动。箱体设有一个动滑轮，挂在导轨上的提升钢丝绳穿过动滑轮进行提升。当正常提升时，提升钢丝绳随着受力增大而逐渐处于竖直状态，并带动拨杆转动，拨杆将拨框向下压，拨框向下移，使同提升架连接在一起的制动轴向下移至最低位置，制动轴离开导轨和固定于提升滑轮组箱体上的制动框，此时提升滑轮组可沿导轨上、下自由移动；无论是提升吊点、电动葫芦出现问题，还是钢丝绳断裂，其反映都是钢丝绳变软［图4-28中变软的钢丝绳（虚线所示）］不能再给拨杆提供支承力，弹簧将拨框向上顶，拨杆转动，拨框带动提升架向上移动，制动轴上移塞在导轨和制动框之间，当箱体进一步坠落时，其同

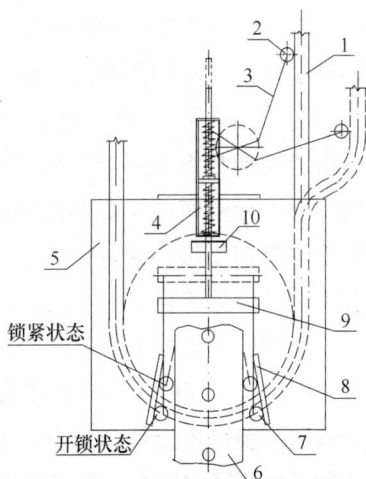

图 4-28　导轨式斜面滚
轮式防坠器工作原理

1—提升钢丝绳；2—钢丝绳导轨；3—拨杆；
4—拨框；5—箱体；6—导轨；7—制动轴；
8—制动框；9—提升架；10—导向座

导轨相对运动，制动轴和制动框之间越挤越紧，通过斜面自锁原理将提升滑轮组制动在导轨上，起到防坠作用。

（2）斜面滚轮式防坠器特点

1）把抗倾覆导轨与制动杆合二为一，结构紧凑，制动效果好。

2）该防坠器制动部分为槽钢，是固定在建筑物的墙面上的，兼作抗倾覆的导轨和制动滚轮的制动面，当槽钢的制动面发生变形时制动效果变差，制动时的滑移量变大。

4.5.3　楔钳制动式防坠器

（1）楔钳制动式防坠器工作原理

楔钳制动式防坠器与焊接在机位处托架上的槽钢连接固定，

防坠杆穿过楔钳作升降过程的制动准备。正常升降时，防坠器上的杠杆一端与电动葫芦的吊钩相连，收紧杠杆上的花篮螺栓，使杠杆的另一端向下压防坠器上的上推环，上推环向下压楔钳（楔钳是由二至四片组成一个锥形环），楔钳向下推动下推环，下推环向下移动使弹簧压缩变形蓄势反弹能量，因楔钳与锁体是锥形体，上堆环向下推的同时楔体一边下移一边紧贴锁体斜面与制动杆分离，架体处于自由升降状态。当电动葫芦的环链发生断链时，防坠器上的杠杆与电动葫芦吊钩相连的细钢丝绳松动无制约，此时弹簧座内被压缩的弹簧向上推动下推环，下推环向上推动楔钳，由于楔钳与锁体相接触部分为上小下大的锥体，楔体上移时将防坠落制动杆紧紧地锁住，起到了防止坠落的作用，如图 4-29 所示。

（2）楔钳制动式防坠器的特点

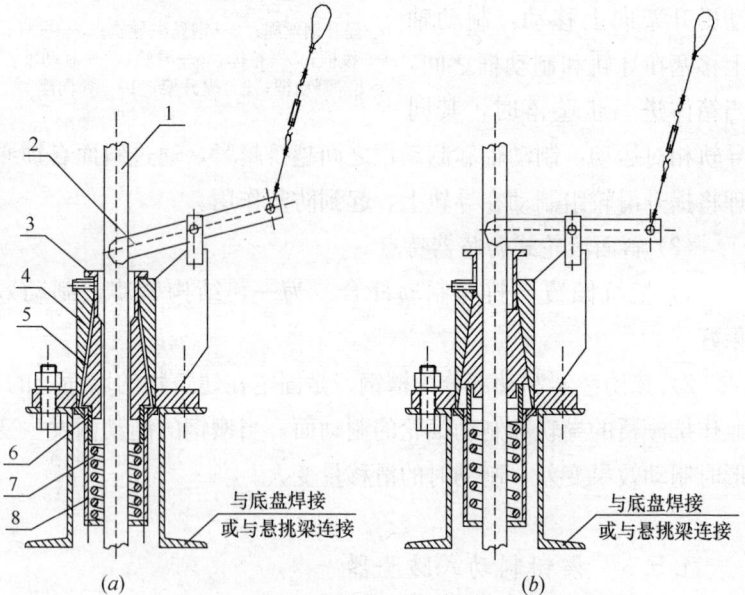

图 4-29　楔钳制动式防坠落安全锁

（a）正常升降状态；（b）防坠落锁紧状态
1—防坠落杆；2—杠杆；3—上推环；4—锁体；
5—楔钳；6—下推环；7—弹簧；8—罩壳

1）楔钳制动式防坠器主要靠锁体与楔体的圆锥形结构在弹簧的压力作用下产生摩擦力作用而锁牢防坠落杆的，楔钳与防坠落杆的接触面加工成倒齿形状，如果锥形面加工误差大时会产生锁不住的情况，对锥体的加工要求比较高，加工成本也就高。

2）楔钳制动式防坠器的楔钳与防坠落杆制动状态的接触面比凸轮式要大，制动时楔钳对防坠落杆产生咬合状态的摩擦力比凸轮式防坠器要小，易产生滑移，也即制动时滑移量较大。

4.5.4 凸轮式防坠器

(1) 凸轮式防坠器工作原理

主要构件：吊环、固定齿块、活动齿块（凸轮）、杠杆、连杆、弹簧机构、微动开关等组成。凸轮式防坠器安装在附着式升降脚手架的机位处，防坠制动杆穿过防坠器与防坠悬挂梁连接且固定在建筑物上，电动葫芦吊紧防坠器上的吊环时，连杆放松活动齿块，调节弹簧螺丝，使活动齿块与制动杆的间隙为 2～3mm 左右，如图 4-30 所示。

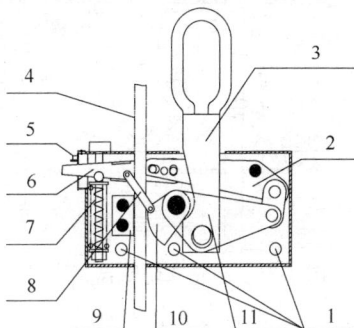

图 4-30 凸轮式防坠器工作原理

1—连接孔与底盘连接；2—杠杆Ⅱ；
3—杠杆（与电动葫芦挂钩连接）；
4—防坠杆（与防坠悬梁连接）；
5—微动开关；6—杠杆Ⅲ；
7—弹簧；8—连杆；9—固定齿块；
10—活动齿块（凸轮）；11—杠杆Ⅰ

正常无坠落情况下凸轮与制动杆不发生作用，如图 4-31 所示。

正常升降状态，拉杆受电动葫芦向上的拉力，箱体受脚手架向下的重力，使得拉杆受向上力，拉杆凹部下沿与活动齿块相触，活动齿块向下打开；连杆受活动齿块向下拉力，带动杠杆Ⅲ

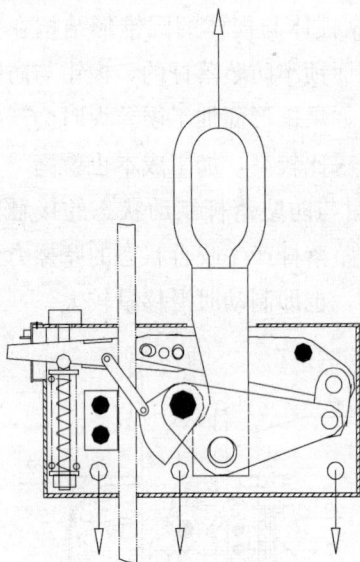

图 4-31 凸轮式防坠器正常升
降状态工作原理图

向下运动，压紧弹簧，微动开关打开；提升或下降时，防坠器随脚手架沿防坠杆上下正常运动。

如图 4-32 所示，当发生坠落时（如葫芦链条断），拉杆受力为零，箱体受脚手架向下的重力，使得：吊环松弛，与活动齿块分开，活动齿块在杠杆的向上拉力下，向上运动，与固定齿块一起在摩擦力作用下锁定防坠杆，制止坠落；弹簧失去压力向上弹起，带动杠杆Ⅲ及连杆向上运动，微动开关闭合发出警报，如图 4-32（a）所示。

在发生相邻机位上升过慢，中间机位过载时，致使拉杆的受力与箱体受向下的拉力同时加大：使得拉杆被强行与活动齿块分开，杠杆Ⅰ在拉杆向上的力的作用下向上运动，带动杠杆Ⅱ右边上升，使得杠杆Ⅲ向上运动；杠杆Ⅲ带动连杆上升，拉动活动齿块上升，与固定齿块锁定防坠杆，制止运动，同时弹簧向上弹起，微动开关闭合，发出警报，如图 4-32（b）所示。

（2）凸轮式防坠器的特点

1）凸轮式防坠器的制动触发部分一般是与电动葫芦的吊钩相连接，只有当电动葫芦的环链发生断开时，制动触发部分使凸轮作出制动的动作，也就是当脚手架架体发生坠落时防坠器才动作。

2）该种防坠器是附着式升降脚手架发生坠落时安全防护系

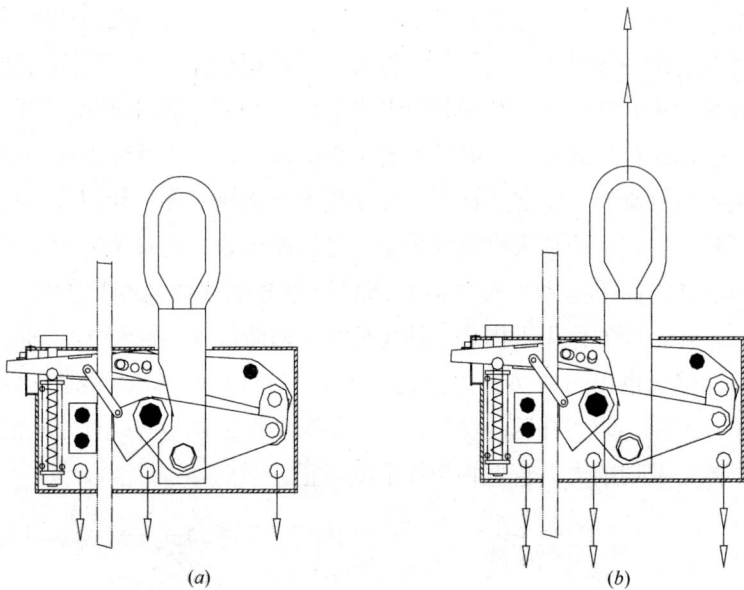

图 4-32　凸轮式防坠器失载及过载状态工作原理图

(a) 失载状态工作原理；(b) 过载状态工作原理

统中的最后一道防线，是早期使用的防坠器。

3）除失载的瞬间制动防坠、限载报警作用外，还能手动防滑，一般安全钳只有在架体突然失载时才起作用，而对葫芦制动失灵，却尚未完全失载仅缓慢打滑时却不起作用，本装置针对实际中曾发生的葫芦打滑现象，专门设置了手制动手板，可有效阻止架体滑移。

4.5.5　穿心拉杆式防坠器

如图 4-33 所示，为一种穿心拉杆式防坠器结构示意图。

（1）穿心拉杆式防坠器工作原理

穿心拉杆式防坠器安装在竖向主框架最底节提升梁内。电动葫芦加载时，电动葫芦带动下吊环向上移动。下吊环上的调整螺钉在下吊环带动下，克服扭力弹簧扭矩转动杠杆，杠杆带动活动锁块做逆时针旋转，从而松开防坠杆，架体可实现上升或下降。当电动葫芦失载时，下吊环因自重而坠落，扭力弹簧带动活动锁块顺时针旋转，将防坠杆压紧在楔块上，楔块上部齿牙切入防坠杆基体内，从而加大楔块与防坠杆之间摩擦力。随着架体相对于防坠杆的向下运动，楔块沿背部斜面相对于架体向相反方向移动。在斜面的作用下楔块上的齿牙继续向防坠杆内部切入。同时活动锁块也因与防坠杆之间的摩擦力不断增大，继续顺时针旋转，不断将防坠杆压向楔块。从而不断增加架体与防坠杆之间的摩擦力及切削力。直至将架体下坠停止。

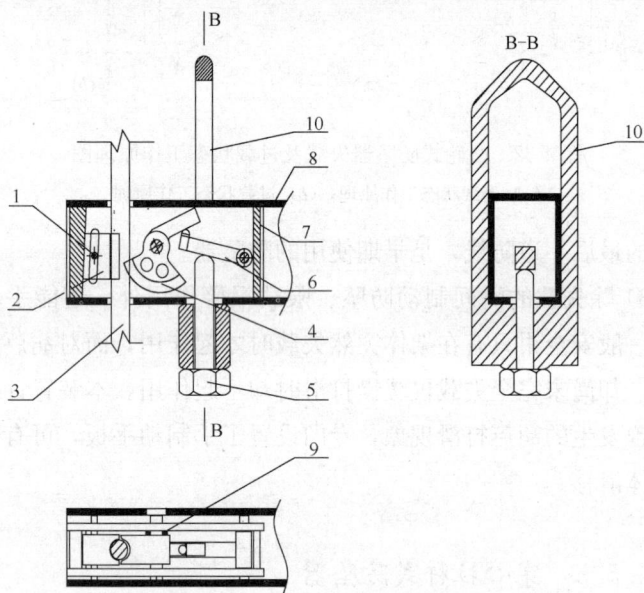

图 4-33 穿心拉杆式防坠器工作原理
1—导向螺钉；2—楔块；3—防坠杆；4—活动锁块；5—调整螺钉；6—杠杆；
7—防坠器外壳；8—主框架提升梁；9—扭力弹簧；10—下吊环

（2）穿心拉杆式防坠器的特点

196

1) 穿心拉杆式防坠器主要靠活动锁块、楔块在扭力弹簧的压力作用下压紧在防坠杆上，产生摩擦力作用而锁牢防坠落杆，楔块与防坠杆的接触面加工成倒齿形状，如果锥形面加工误差大时会产生锁不住的情况，对锥体的加工要求比较高。

2) 结构简单，容易安装，安装在竖向主框架最底节提升梁内，封闭较好，不易被污损。

4.5.6 防坠器的维修保养

以上介绍的各种形式的防坠安全制动器，虽然形式上有差异，但其制动的原理基本相同的，都是靠摩擦力制动，这个摩擦力是一个当量摩擦的概念，防坠安全制动器在制动的过程中有两个力在起作用，一是真正意义上的摩擦力，这个摩擦力由正压力与摩擦系数的乘积来确定的，而最大的静摩擦系数为 0.3（摩擦系数与接触的材料、表面的粗糙度有关），这个摩擦力还不能够足以阻止坠落，还必须有另外一个力的配合。二是咬合切削力，在制动的过程中凸轮的齿面与齿板的齿面在正压力的作用下对制动杆有一个咬合的深度，这个咬合深度相当于附着式升降脚手架发生坠落时如要继续发生坠落则必须切掉这部分咬合的金属所需的力，当量摩擦力是由摩擦力和咬合切削力两部分组成。因此防坠安全制动器维修保养必须注意以下几个方面：

（1）防坠安全制动器的修理不能随意更换凸轮、齿板和制动杆的材料，特别是制动杆材料不能更换成强度大表面硬度高的材料，一定要按照设计选定的材料。

（2）定期对防坠安全制动器的活动部位加注润滑油，而凸轮的齿面、齿板和制动杆表面不能加润滑油。

（3）在工程中使用时应保持防坠安全制动器制动口的清洁，没有建筑垃圾，制动杆与防坠安全制动器的制动口保持垂直，其偏差不得大于3°，且应有防护罩。

（4）防坠安全制动器的修理应经专门培训的维修人员完成，防坠安全制动器修理后要进行制动性能的检测。

4.6 附着式升降脚手架的防倾覆装置

4.6.1 防倾覆装置的作用

附着式升降脚手架重心位置较高，而附着式升降脚手架升降时的吊点位置在机位底部上方，吊点位置在重心下面，使附着式升降脚手架架体极易向外或向内倾斜，而导致倾覆事故，所以附着式升降脚手架在升降时必须配备防倾覆装置。

4.6.2 防倾覆装置的设置

（1）附着式升降脚手架的防倾装置中应包括导轨和两个以上与导轨可滑动连接的导向件。

（2）竖向主框架所覆盖的每个楼层处应设置一道附墙支座。

（3）附墙支座上应设有防倾、导向的装置，其结构形式采用滑轮、导轨，导轨可以是工字钢、槽钢或钢管，导轨可以与主框架做成连体，也可以分体组合。

4.6.3 防倾覆装置的结构形式

如图4-34所示，为工字钢导轨的防倾装置，与附着式升降脚手架的主框架分体组合安装，在施工不同层高时可以灵活调节。

如图 4-35 所示，钢管导轨与主框架组合成一体，施工层高不同时无需调节。

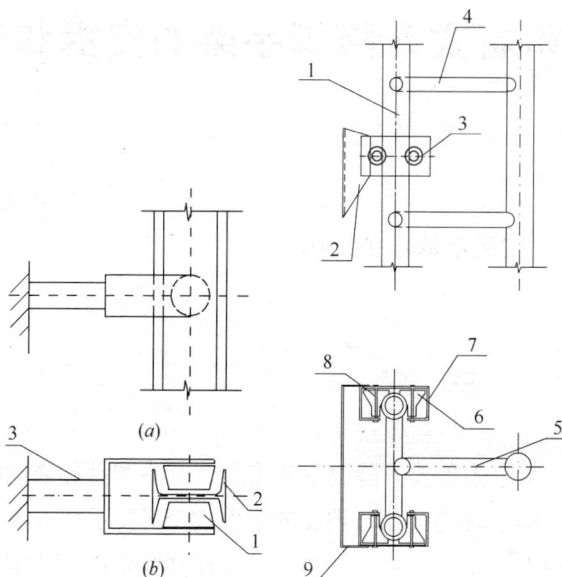

图 4-34 工字钢导轨式
防倾覆装置示意图

(a) 立面图；(b) 剖面图

1—滑轮；2—导轨（工字钢）；

3—附墙支座

图 4-35 钢管导轨式防
倾装置示意图

1—钢管件；2—固定导向座；

3—转轮；4—竖向立框架；

5—导轨；6—转轮；7—转
轮套；8—转轮轴；9—固

定导向座

4.6.4 防倾覆装置的使用保养

防倾装置的结构比较简单，使用时应保持滑轮转动灵活，定期加注润滑油，保持导轨的垂直，使用中发现导轨变形应更换。另外滑轮组与建筑物采用穿墙螺栓连接必须可靠。

5　附着式升降脚手架的安拆和升降

5.1　安装前的准备工作

5.1.1　基本要求

（1）从事附着式升降脚手架安装、升降和拆卸活动的单位应当依法取得建设主管部门颁发的附着式升降脚手架专业承包资质和建筑施工企业安全生产许可证，并在其资质许可范围内承揽附着式升降脚手架施工工程。

工程总承包单位必须将附着式升降脚手架专业工程发包给具有相应资质的专业承包队伍。

（2）从事附着式升降脚手架安装、升降和拆卸的操作人员应当年满18周岁，具备初中以上的文化程度，经过专门培训，并经建设主管部门考核合格，取得《建筑施工特种作业人员操作资格证书》。

（3）附着式升降脚手架产品应当具有国务院建设行政部门组织鉴定和验收合格证书。

（4）附着式升降脚手架安装单位和使用单位应当签订安装、拆卸合同，明确双方的安全生产责任；实行施工总承包的，施工总承包单位应当与安装单位签订附着式升降脚手架安装工程安全协议书。

（5）附着式升降脚手架的安装拆卸必须根据施工现场的环境和条件、附着式升降脚手架的安装位置、附着式升降脚手架的状况以及辅助起重设备的性能条件，制定安装拆卸方案，进行技术交底。

（6）在装拆前装拆人员应分工明确，每个人应熟悉和了解各自的操作工艺和使用的工具、器具，装拆过程中应各就各位，各负其责，对主要岗位应在技术交底中明确具体人员的工作范围和职责。

（7）装拆作业总负责人应全面负责和指挥装拆作业。在作业过程中应在现场协调、监督地面与空中装拆人员的作业情况，并严格执行装拆方案。

（8）作业空间的外沿与外电线路的距离应符合相关规定的最小安全距离。达不到要求的应有防外电、防雷措施。

根据《施工现场临时用电安全技术规范》（JGJ 46—2005）的规定，附着式升降脚手架外缘与输电线路的最小安全距离，见表 5-1。

附着式升降脚手架外缘与输电线路的最小安全距离　　表 5-1

外电线路电压等级（kV）	<1	1～10	35～110	220	330～500
最小安全操作距离（m）	4.0	6.0	8.0	10	15

附着式升降脚手架若在相邻建筑物、构筑物防雷保护范围之外时，应安装防雷保护装置，接地电阻值不大于10Ω。

（9）安装、提升、下降、拆卸作业应设置警戒区域，并设专人监护，无关人员不得入内。专职安全生产管理人员应现场监督整个安装拆卸过程。

（10）遇有 5 级及以上大风和雨、大雪、大雾等影响安全作业的恶劣气候时，应停止安装、提升、下降、拆卸作业。

5.1.2　施工方案编制和审批

附着式升降脚手架的安装、升降与拆除，属危险性较大的分部分项工程。专项施工方案必须按住房和城乡建设部《危险性较大的分部分项工程安全管理办法》（建质〔2009〕87号）的规定进行审核、批准，方能实施。

（1）编制

建筑工程采用附着式升降脚手架作为结构主体施工前，必须编制专项施工方案。方案应由附着式升降脚手架施工专业承包单位技术人员编制。

（2）审核、批准

方案应当由专业承包单位技术部门组织本单位施工技术、安全、质量等部门的专业技术人员进行审核。经审核合格的，由专业承包单位技术负责人签字，并报总承包单位技术负责人签字。

不需专家论证的专项方案，安装单位审核合格后报监理单位，由项目总监理工程师审核签字。

（3）专家论证

附着式升降脚手架工程提升高度≥150m时，属于危险性较大的分部分项工程，施工方案必须经专家论证。专业承包单位应当组织召开专家论证会。实行施工总承包的，由施工总承包单位组织召开专家论证会。专业承包单位应当根据论证报告修改完善专项方案，并经专业承包单位技术负责人、总承包单位技术负责人、项目总监理工程师、建设单位项目负责人签字后，方可组织实施。

5.1.3　安全技术交底

（1）交底程序

专业承包单位技术负责人应根据施工方案向全体施工作业人员进行安全技术交底，每一个作业人员应进行书面签字认可。

（2）交底内容

交底应重点明确每个作业人员所承担的拆装任务和职责，以及与其他人员配合的要求，特别强调有关安全注意事项及安全措施，使作业人员了解拆装、升降作业的全过程、进度安排及具体要求，增强安全意识，严格按照安全措施的要求进行工作。安全技术交底应当包括以下内容：

1）附着式升降脚手架专项施工方案的主要内容，包括施工对象的工程概况、建筑的总高度、不同层次的层高、不同结构层次的平面变化情况、建筑物外墙的装饰线条的尺寸、阳台、窗洞位置的结构形状、附着支撑拉结位置的梁、板的厚度变化等。

2）附着式升降脚手架施工高度及分段后的附着式升降脚手架局部机位停留层位置。

3）根据建筑结构特点及项目部对附着式升降脚手架特殊要求而布置的附着式升降脚手架机位布置图，包括机位定位尺寸、预留孔、预埋螺母埋件的位置和定位尺寸要求。附着式升降脚手架的机位应避让塔式起重机附墙支撑的轴线位置、施工升降机安装轴线尺寸、上料钢平台设置位置等。

4）附着式升降脚手架从建筑物哪层开始施工，提出对操作平台（落地式脚手架）的标高、水平度，以及操作平台所承受荷载大小的要求。

5）对附着式升降脚手架安全施工提出的各项技术保证措施，包括施工图和文字表述。

6）附着式升降脚手架施工工艺流程，包括组装、搭设、提升、下降、拆除等。

5.1.4 施工现场准备工作

附着式升降脚手架在安装前，安装作业人员应当对附着式升降脚手架结构件、构配件以及建筑工程结构附着点等进行检查验收。

（1）附着式升降脚手架结构件、构配件的检查验收

1）检查竖向主框架、水平支承桁架、水平桁架连杆、承力架（托架）等结构件是否完好、配套。

2）检查斜拉杆、调节花篮螺栓、穿墙螺栓、悬挑钢梁、防坠钢梁及支撑结构件、垫板等构配件是否齐全、完好。

（2）工作脚手架构配件的检查验收

检查钢管（$\phi 48.3 \times 3.6$），扣件（直角扣件、对接扣件、旋转扣件），安全网（密目式安全立网、安全平网），脚手板等脚手架构配件是否齐全、配套。施工前应核对脚手架搭设材料的数量、规格，查验产品合格证、材质检验报告等资料。

（3）动力控制系统、安全装置的检查验收

检查动力控制箱以及防倾覆、防坠落和同步升降控制装置等安全装置是否齐全、有效。

（4）提升装置的验收

手动葫芦、电动葫芦、液压千斤顶等的数量是否配套，规格型号是否符合使用要求，要有产品合格证和使用说明，按使用说明书的要求进行运转试验。

（5）辅助起重设备、吊索具和工具的检查验收

检查辅助起重设备（汽车起重机、塔吊等）、吊索具（钢丝绳、钢丝绳夹、白棕绳等）和施工工具是否能够满足附着式升降脚手架的安装需求。

（6）建筑物结构附着点的检查验收

附着点处的建筑结构强度、位置是否满足附着式升降脚手架的安装要求，预埋件是否可靠地预埋在建筑物结构上，预留孔的尺寸和位置是否能够满足附墙支撑的要求。

对有可见裂纹的，严重锈蚀的，严重磨损的，整体或局部变形的结构件应进行修复或更换。构配件缺少的要及时予以补充。以上所有项目检查完毕，全部验收合格后，方可进行附着式升降脚手架的安装。

5.2 附着式升降脚手架的安装、升降和拆除

下面以某建筑工程吊拉式附着升降脚手架为例，简述附着式升降脚手架的安装、升降和拆除过程。

如图 5-1 所示，为某个建筑工程吊拉式附着升降脚手架布置及操作平台的平面图。

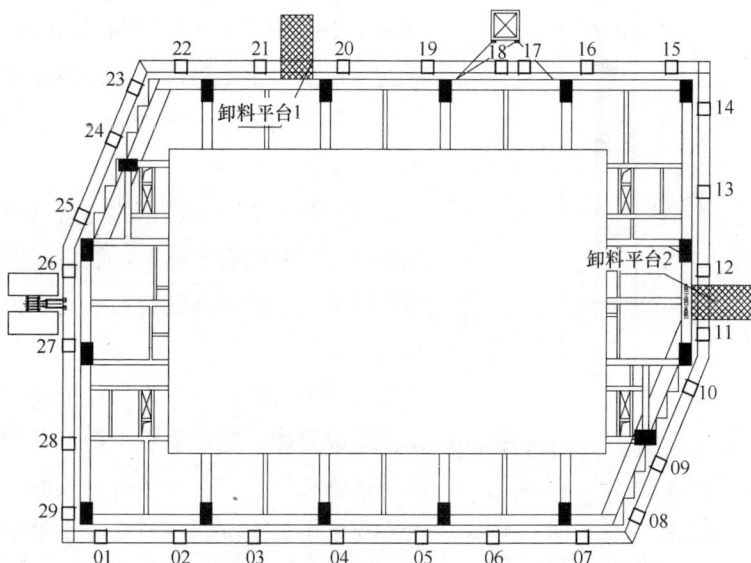

图 5-1 吊拉式附着升降脚手架布置及操作平台平面图

5.2.1 脚手架的安装

（1）附着式升降脚手架的搭设一般在标准层向下裙房上顶或搭设一个操作平台。该标高由施工方案根据工程情况和附着式升降脚手架构造情况而确定，操作平台的水平面高差应在 20mm 之内，平台内侧立杆离开建筑物的距离为 300mm，操作平台的宽度为 1.2～1.5m，操作平台的宽度能完全容纳附着式升降脚手架的机位托盘（或托架）的宽度，操作平台外侧还应设置以防止高空人、物坠落的挑网，对安放机位处的操作平台进行加强，加强的主要方法是缩小立杆的纵向间距，即机位处增加立杆使原立杆间距由 1800mm 变为 900～1000mm。

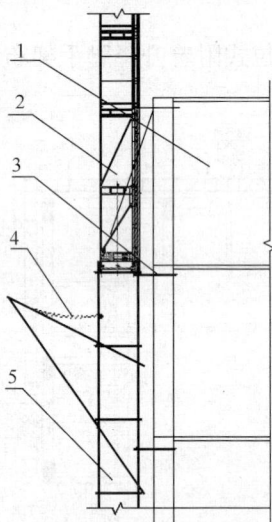

图 5-2 操作平台立面侧视图
1—建筑物；2—附着式升降
脚手架；3—附着拉结；4—安
全平网；5—操作平台

如图 5-2 所示为操作平台立面侧视图。

（2）附着式升降脚手架的机位按照施工方案中的机位定位布置要求，将机位托盘（或托架）安放在操作平台上，并先将某个机位托盘（或托架）固定。

（3）在某个固定机位的托盘（或托架）上安装底部主框架，然后在底部主框架的二侧对称安装水平支承桁架的上下弦杆、斜腹杆，每安装一节水平支承桁架将内外二侧的片桁架用连杆连成整体，在水平支承桁架悬臂端用钢管扣件撑牢以防悬臂过长而使水平支承桁架下沉，逐节安装水平支承桁架并与下一个机位的底部主框架连接并将机位处的托盘（或托架）固定，依次安装水平支承桁架、底部主框架，并搭设脚手架构架，如图 5-3 所示。

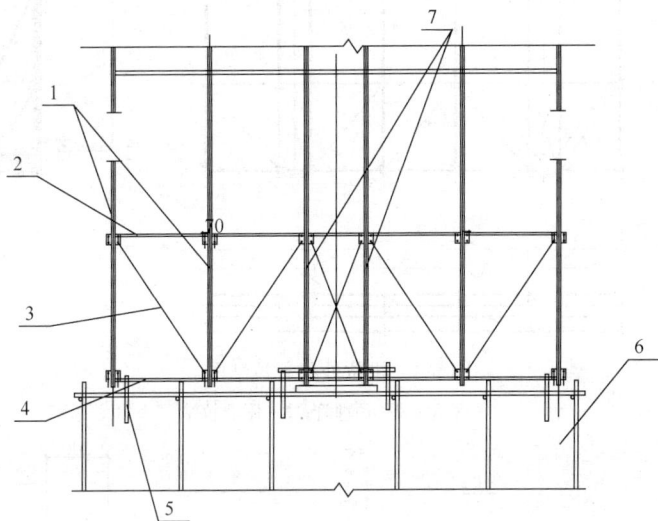

图 5-3　托盘上搭设脚手架

1—水平桁架立杆；2—上弦杆；3—斜腹杆；4—下弦杆；

5—悬臂端撑杆；6—落地脚手架操作平台；7—主框架

（4）预留孔和预埋件的设置。在搭设架体的同时，随着建筑物的升高，依次设置各层的预留孔和预埋件。附着式升降脚手架开始搭设的第一结构层应在机位处设置预埋管，用于与附着式升降脚手架的初始附着拉结，使开始搭设的附着式升降脚手架保持稳定。附着式升降脚手架覆盖的第二结构层则需设置预留孔和预埋管，预留孔用于安装附着式升降脚手架的两根下部斜拉杆，预埋管用于与附着式升降脚手架的每一结构层有附着拉结，如图 5-4 所示。

预留孔布置如图 5-5 所示，预留孔埋设的尺寸误差不得大于 5～10mm，左右尺寸误差过大会使下部斜拉杆的安装支座相碰，上下尺寸误差过大会使预留孔底部混凝土厚度太小而拉坏建筑边

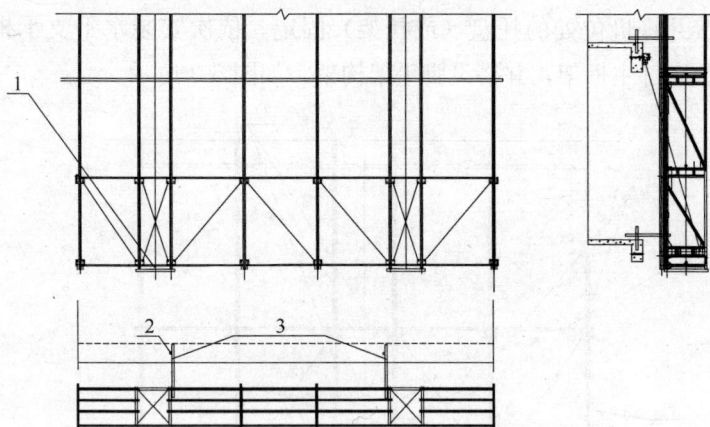

图 5-4　机位处附着拉结图

1—机位；2—预埋管；3—附着拉结

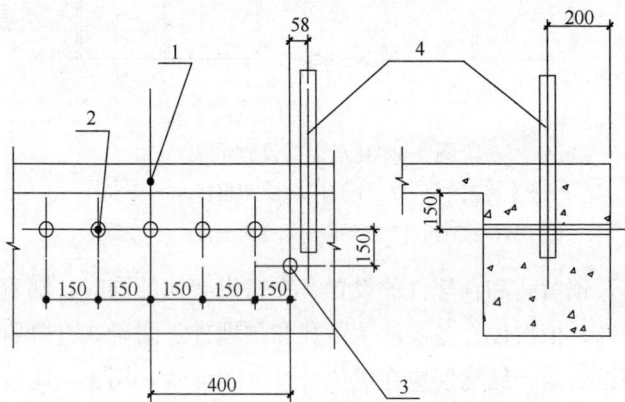

图 5-5　预留孔设置图

1—机位中心线；2—预留孔；3—安装导向轨；4—预埋管

梁。预留孔采用内径为 $\phi40\mathrm{mm}$ 的塑料管，两端用粘胶纸封牢，穿入两片作支架用的"井"字钢筋架内，"井"字架与所在位置的土建结构钢筋绑扎牢固或电焊焊牢，防止混凝土入模后随振捣器振动而偏移原定的位置。若是螺母预埋件，亦应与结构主筋焊牢，以防尺寸游动。

（5）沿建筑物完成一个面或一周的底部主框架和底部承重桁架安装后，按照结构施工同步的要求向上安装搭设架体。向上接长主框架，在两个机位之间的架体立杆的接长应按照每一排内接长点 50%交错接长，即接长水平支承桁架节点处的立杆，应按一根隔一根错开的原则进行接长。扣件的预紧力应控制在 45～65N·m 范围内；主框架的垂直偏差应小于 3‰，主框架每安装一个层高后应与建筑物进行水平附着连接。每搭完一步脚手架后，应按照允许偏差规定校正步距、纵距、横距及立杆的垂直度。

安装第三、第四、第五步纵向水平杆并在机位处内侧断开约 550mm，外侧的纵向水平杆和防护栏杆全部为通长，安装每个机位处的附着拉结，如图 5-4 所示。

（6）用上述同样的方法向上接长主框架，用同一长度钢管接长中间立杆，避免所有立杆接长在同一步内，安装第六、第七、第八步纵向水平杆在机位处和外侧的纵向水平杆和防护栏杆全部为通长，安装每层每个机位处的附着拉结，如图 5-4 所示。

（7）附着式升降脚手架安装进度必须与建筑物结构施工同步，即附着式升降脚手架不能搭设过高也不能搭设过低。架体构架搭设过高，会使附着式升降脚手架形成很高的悬臂而经受不起风荷载。附着式升降脚手架搭设过低起不到安全围护作用。附着式升降脚手架架体悬臂高度不得高于最上部安全拉结的上两步架。

（8）附着式升降脚手架下部斜拉杆的安装时间是拉结点混凝土强度达到 C15 时。从开始搭设附着式升降脚手架算起，在附着式升降脚手架覆盖的四个层高内，应在浇捣第二个建筑层高的混凝土前后时间段内进行下部斜拉杆的安装，每只机位用两根斜拉杆调节至均匀受力状态，过短的时间下部斜拉杆安装处的混凝土强度尚未达到 C15，此时附着式升降脚手架搭设高度为 2.5 个层高，正好是附着式升降脚手架一个机位重量的一半约 2000～2500kg（视建筑层高而定）。

附着式升降脚手架机位处的上下附着拉结完整安装后，再安装下部斜拉杆并调节二根花篮螺栓，使二根斜拉杆均匀受力，此时附着式升降脚手架全部自重荷载通过底部二根斜拉杆传到建筑结构上去了，操作平台（即落地脚手架）已不再受力，而可以拆除。

（9）附着式升降脚手架安装搭设完成后，在附着式升降脚手架的外侧设置剪刀撑，剪刀撑跨越立杆根数不少于 5～7 根，与水平面夹角在 $45°～60°$之间，见表 5-2 和图 5-6 所示。

剪刀撑设置要求 表 5-2

剪刀撑与水平面夹角	45°	50°	60°
剪刀撑跨越立杆的最多根数	7	6	5

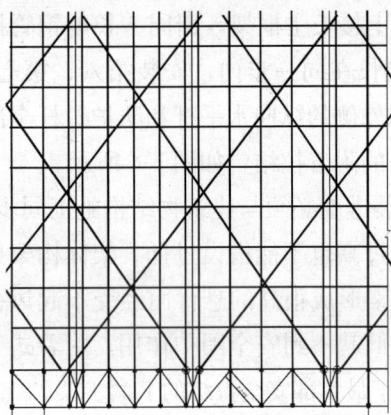

图 5-6　剪刀撑设置图

附着式升降脚手架架体的立面封闭防护、底部封闭防护、第四步安全隔离防护均应满足脚手架安全规程要求。

附着式升降脚手架架体安装搭设后整体垂直度偏差不大于±60mm 或 5‰的质量标准。

（10）悬吊钢梁、防坠钢梁安装在第 3 层楼面的边梁上，其斜拉杆安装在第 4 层楼面的边梁上，悬吊钢梁、防坠钢梁是起两种作用的钢梁，悬吊钢梁和防坠钢梁各自有独立的受力系统，悬吊钢梁需安装两根与建筑物连接上部斜拉杆，防坠钢梁也需安装两根与建筑物连接的斜拉杆，如图 5-7 所示。

悬吊钢梁外端下部耳环挂一只低速电动环链葫芦，用于提升附着式升降脚手架，防坠钢梁外端下部安装一根直径 $\phi25mm$ 的防坠杆，防坠杆穿过防坠器，当附着式升降脚手架提升时，电动葫芦的链条发生断裂时防坠器咬住防坠杆而阻止脚手架坠落，如图5-7所示。

低速电动环链葫芦应运转平稳，无异常噪声，应有防雨、防尘、防建筑垃圾等措施，低速电动环链葫芦的环链应保清洁，各传动部分润滑良好，环链应保持顺直润滑，不得有磨损、腐蚀、变形、压痕、裂纹、扭转、反链和打结等现象。

低速电动环链葫芦上吊钩挂在吊臂钢梁的吊环内，应保持吊钩防脱保险、电动机接线柱、盒完好，吊钩中心应与附着式升降脚手架吊点中心距保持一致，下端吊钩应挂在附着式升降脚手架的下吊环内。

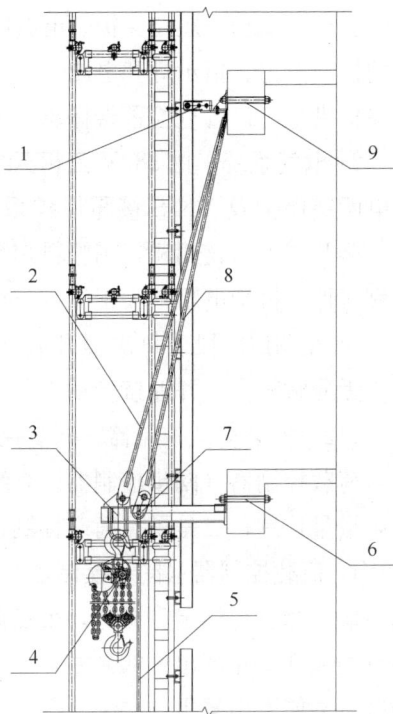

图 5-7　悬吊钢梁和防坠杆

1—抗倾覆导向轮；2—悬吊钢梁斜拉杆；
3—悬吊钢梁；4—低速电动环链；
5—防坠制动杆；6、9—穿墙螺栓；
7—防坠钢梁；8—防坠钢架斜拉杆

在同一单位工程的附着式升降脚手架中使用的低速电动环链葫芦必须是同一厂家、同一型号、同一规格的产品，安装后应进行空载转速检测。

（11）由电气专业人员安装电气控制柜

1）控制柜应具有整体、多台、单台电动葫芦的正反向控制、漏电保护、缺相、短路保护、电源电压指示等功能。面板应有齐全的控制按钮、指示灯和电压表。控制台应有防雨、防晒、防尘的保护措施，设置危险警告标志。

2）电气系统采用 380V 三相五线制交流电源供电，采用三级配电两级保护及 TN-S 接零保护系统，电气系统电缆布线要整齐，避开与人、物相碰，用塑料扣结扎牢固，电气控制柜必须有可靠接地，接地电阻不大于 4Ω，对地绝缘电阻不小于 $0.5M\Omega$。

3）在调试阶段或每次提升或下降时电动环链葫芦应运转平稳，无异常噪声，并保持传动方向一致。

（12）安装荷载控制器（同步控制器）

荷载控制器（同步控制器）系统可分为三种类型：一是吊点荷载增量控制；二是吊点荷载控制；三是机位高低差控制。

1）荷载控制器（同步控制器）投入使用前要对传感器与控制模块一起进行标定、调试，吊点荷载显示正确，控制灵敏。使吊点的荷载变化超出 $\pm30\%$ 时，能对电动葫芦的总电源进行切断控制，并能发出警报。

2）对吊点机位高低差控制的同步控制系统安装后应进行调试，使吊点的相邻两个机位的高低差达到 20mm 时，能切断转动快的电动葫芦电源，使其停止运转，其余电动葫芦继续运转，当相邻机位高差小于 20mm 时，被切断电源的电动葫芦自动接通电源而运转。

3）同步控制系统必须定期进行标定，以保持计量的准确。

（13）防坠落安全制动器安装

1）防坠安全制动器是由悬挂梁、制动杆和防坠安全制动器组合而成。在提升和下降时，当电动葫芦断链或脱钩时，防坠安全制动器在架体坠落时，能自动锁住制动杆，其制动距离不得大于 80mm。

2）防坠安全制动器应有制动状态的信息反馈功能的电气联

动，能吊重联动，即吊重状态制动口打开，失重状态制动。制动口应有防建筑垃圾的盖板。制动杆的直线度不大于 1/500，制动杆的偏角应小于 3°。

3）防坠安全制动器应通过检测，并符合有关的标准。

（14）防倾覆装置安装

在第二层楼面和第四层楼面位置安装抗倾覆装置：

1）防倾覆装置是由导轨和滑轮组成。导轨采用工字钢或其他型钢与附着式升降脚手架架体连接牢固，其直线度不大于 1/1000，安装垂直度应小于 2/1000，并能满足移动一个建筑层高的要求。

2）附着式升降脚手架升降时，滑轮应与土建结构连接牢固，滑轮与导轨之间应有良好吻合和通畅的相对滑动，无建筑垃圾。

（15）附着式升降脚手架的围护及封闭，底部用九合板（木板、竹笆板）与建筑物离开 200mm 左右的全铺设，200mm 左右间隙仍用九合板作翻板防护，附着式升降脚手架的底部采用安全平网、加密目网兜底包牢，外侧用密目网封闭，在第四步架体处采用九合板作翻板防护。

（16）附着式升降脚手架安装后的检查验收

附着式升降脚手架首次安装完毕后，正式使用前，应当按照附录 B《附着式升降脚手架检查验收表》中表 B-1《附着式升降脚手架首次安装完毕及使用前检查验收表》的各项目进行检验验收，验收合格后方可使用。液压升降附着式脚手架可按照附录 B《附着式升降脚手架检查验收表》中表 B-2《液压升降整体脚手架安装后验收表》进行检验验收。

5.2.2 脚手架的升降

（1）附着式升降脚手架提升、下降的必要条件

1）附着式升降脚手架每次提升前，施工层的下一层混凝土强度必须达到C15，项目部应出示混凝土强度报告。

2）附着式升降脚手架无论是提升还是下降，悬吊钢梁和防坠钢梁已准确安装好，全部附着支撑点的安装应符合设计要求，严禁少装附着固定螺栓和使用不合格螺栓。

3）升降动力设备和动力控制柜应工作正常，并有防尘、防雨、防砸措施。

4）每一个机位吊点必须设有防坠安全制动器，并可靠制动，无误动作；荷载控制系统齐全，并能与控制柜联动，可靠有效，能对每一个吊点进行正确荷载计量和超载自动控制，防坠安全制动器和荷载控制系统有防尘、防雨、防砸措施。

5）附着式升降脚手架提升时，在覆盖4个层高范围内的每个机位位置上部第四层楼面、下部第二层楼面各安装一套抗倾覆导向装置；附着式升降脚手架下降时在覆盖4个层高范围内在每个机位位置上部第三层楼面、下部第一层楼面各安装一套抗倾覆导向装置。

6）动力设备、防坠安全制动器、荷载控制系统应分别采用同一厂家和同一规格的产品。

7）附着式升降脚手架应配备必要的消防及照明措施。

8）各岗位的施工人员已落实并到位，附着式升降脚手架升高、降低到一个层高后停层，必须及时按使用状况要求进行附着固定，没有完成使用状况工作不得下班或擅自离岗，并完成检查验收工作和必要的交付使用手续，确保整体脚手架的使用安全性。

9）上述必要的工作完成后由脚手架施工单位进行自验合格后，再由施工总承包单位组织脚手架施工单位、监理单位进行联合验收，验收合格后方可进行升降作业。

10）升降过程中应实行统一指挥，规范指令。升、降指令只能由总指挥一人下达；但当有异常情况出现时，任何人均可立即发出停止指令。

（2）附着式升降脚手架每次提升、下降前检查

附着式升降脚手架每次提升、下降前必须严格按照管理要求进行检验验收，合格后方可实施提升或下降。检验验收表见附录B《附着式升降脚手架检查验收表》中表B—3《附着式升降脚手架提升、下降作业前检查验收表》，液压升降附着式脚手架可按照附录B《附着式升降脚手架检查验收表》中表B—4《液压升降整体脚手架升降前准备工作检查表》。

（3）附着式升降脚手架提升

1）提升施工前须对操作人员进行区域分工，一般情况下，在一个脚手架平面内划分若干区域（以每个人分管4~5只电动葫芦为一个区域）和顶部施工层区域（由1~2人巡视），各区域的人员负责提升过程中的巡视检查，排除障碍。在每个管辖区内包括以下操作检查内容：

①调整上部斜拉杆，使同一机位的两根上部斜拉杆受力均匀。

②检查每一台电动葫芦的通电运转情况和运转方向，检查每一台电动葫芦的吊钩是否勾牢吊臂上的"吊环"和机位下部的吊环。

③通过控制柜分别启动，使每一台电动葫芦的下吊钩吊牢机位的下部吊环，处于恰好的受力状态（受力不能过大，机位处于架体将动而未动的状态）。

④在每个管辖区内拆除所有脚手架与建筑结构之间的附着拉结（硬拉结）。

⑤检查土建施工时是否有外伸的钢管、木板、模板螺栓等与整体脚手架在提升的过程中相碰。

⑥最后拆除机位下部的斜拉杆，将底部的翻板翻起，并将操

作层架体处翻版翻起等。

2）在每个管辖区内按照各项检查和必要的准备工作全部完成后向总指挥汇报，由总指挥向控制台发出开机的指令，控制台的操作人员接受提升指令后通电提升，通过控制台和荷载监控系统联动同步提升附着式升降脚手架，如在提升过程中发生各吊点不同步提升超出规范范围时，或附着式升降脚手架在提升过程中与土建施工临时使用的钢管、木板、模板、螺栓等相碰，荷载监控显示屏即发生"报警"声，甚至切断控制台总电源而停止附着式升降脚手架提升；操作人员在巡视过程中发现抗倾覆导向滑轮组不能起导向作用或发现其他异常情况时，应立即停机，待排除异常情况后，方可继续提升。

3）在塔吊的附墙支撑处，附着式升降脚手架的纵向水平杆在提升阶段应有步骤的局部拆卸，并在拆卸纵向水平杆前，在塔吊附墙支撑处脚手架的上部或下部要有加强措施，避让塔吊附墙支撑后，及时安装纵向水平杆，如图 5-8 所示。在塔机附墙支撑最高位置的上一排附着式升降脚手架内外两侧搭设成桁架形式，增加斜腹杆，保证附着式升降脚手架施工安全。

4）附着式升降脚手架提升一个层高到位后，应检查每个机位水平位置的情况并对个别机位作调整，机位高低位置调整时应该在荷载监控系统的监视下进行，当单独对一个机位调整时荷载监控显示屏显示的荷载变化较大时应作小区域调整，即包括需调整机位在内的左右 3～4 个机位一起调整；机位调整后先撑紧每个机位与墙（梁）之间的支撑，使附着式升降脚手架与墙（梁）之间保持图纸要求的距离，并使附着式升降脚手架处于垂直状态；安装土建结构与附着式升降脚手架之间在每个机位位置每一层的附着拉结（硬拉结）；最后安装下部斜拉杆，调节斜拉杆上的花篮螺母使同一机位的两根下部斜拉杆均匀受力，将底部的翻板下翻盖好封闭，并将操作层架体处翻板下翻盖好。

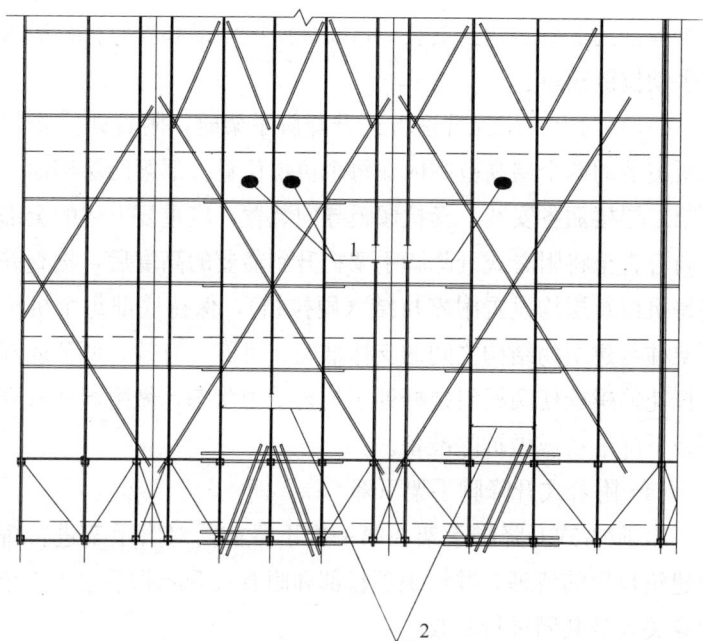

图 5-8　塔机附着支撑处脚手架纵向水平杆、剪刀撑断开位置图

1—塔机附着支撑；2—纵向水平杆断开的距离

5）上部施工层完成后附着式升降脚手架再次向上提升前，施工层的下一层的混凝土强度宜大于 C15，经过一次提升后的附着式升降脚手架的悬拉钢梁连同电动葫芦和防坠钢梁一起向上安装在附着式升降脚手架覆盖的第三层面上。可用以下方法将吊拉钢梁连电动葫芦移动一个层高，先在附着式升降脚手架所覆盖的四层的第三层面的向上一步搭设三角架，在三角架横向水平杆上安装一只手动拉链葫芦，拉链葫芦的下吊钩勾牢附着式升降脚手架的悬拉钢梁和下部的低速电动环链葫芦，然后拆除悬拉钢梁与建筑物结构的穿墙螺栓，拆除悬拉钢梁斜拉杆上端与墙（梁）的穿墙螺栓，两人为一组，一人拉动手动拉链葫芦，另一人扶牢斜拉杆和吊拉钢梁，防止在拉动过程中悬拉钢梁侧向倾倒，将悬拉

钢梁提升到上一层就位安装。再安装防坠钢梁和斜拉杆，最后拆卸手动拉链葫芦。

6）再向上一层提升附着式升降脚手架时，附着式升降脚手架所覆盖的四个层高范围内在每个机位位置上部第四层楼面、下部第二层楼面各安装一套抗倾覆导向装置，应重复上述的全部工作内容直至将附着式升降脚手架提升到需要的高度后，检查并保持每机位每层均设置附着拉结（硬拉结），保持底部每个机位片框架柱与建筑物结构之间的支撑准确、可靠、有效，调节底部斜拉杆花篮螺栓使两根斜拉杆处于均匀受力状态，做附着式升降脚手架下降准备或做拆除准备。

（4）附着式升降脚手架下降

1）附着式升降脚手架在第一次下降前需对脚手架进行矫正及建筑垃圾的清理，并组织项目部和附着式升降脚手架施工单位的有关人员共同进行验收。

2）附着式升降脚手架下降时在附着整体升降脚手架覆盖的四个层高范围内的第二层楼面安装吊拉钢梁和防坠钢梁，在第二层顶面边梁（即第三楼面）与吊拉钢梁和防坠钢梁之间安装上部斜拉杆，调节花篮螺栓使吊拉钢梁和防坠钢梁处于水平位置的受力状态，防坠安全制动器的安装要求与附着式升降脚手架提升时的要求相同。

3）附着式升降脚手架覆盖四个层高范围内在每个机位位置上部第三层楼面、下部第一层楼面各安装一套抗倾覆导向装置，抗倾覆导向装置的安装要求与附着式升降脚手架提升时的要求相同。

4）附着式升降脚手架下降过程电动葫芦的链条收紧、附着拉结（硬拉结）拆除和安装、拆除底部斜拉杆的安装与附着式升降脚手架提升时的要求相同。

5）控制柜启动电源，附着式升降脚手架同步下降，附着式升降脚手架下降到位后，关闭总电源。然后安装底部斜拉杆、安装附着拉结，把电动葫芦、悬拉钢梁、防坠钢梁、上部斜拉杆、抗倾覆导向装置传至下一层，为下一次附着式升降脚手架下降做准备工作。

附着式升降脚手架下降过程要特别注意预留孔封塞、预埋管割掉等情况的发生，以至于不能安装附着拉结。

(5) 附着式升降脚手架升、降过程中的监控

对附着式升降脚手架在升降的过程中实施有效监控是保证附着式升降脚手架安全施工的关键。监控的方法，一是通过荷载增量控制器进行监控，二是操作人员分区域监控。

1) 使用荷载增量控制器对附着式升降脚手架在升降过程中吊点的荷载实时控制是防止安全事故发生的第一道防线。在升降的预备阶段对吊点电动葫芦起重链条预紧，可以防止对吊点产生过大的预紧力。电动葫芦的起重链断裂与吊点荷载变大有直接关系，吊点荷载变大的原因：一是吊点机位处不同步相差大，二是附着式升降脚手架在升降的过程中碰到障碍物。通过操作人员密切监视各提升吊点的荷载变化，及时进行调整各提升吊点的荷载或停机处理，来防范架体倾斜、倾覆事故的发生。

2) 操作人员观察监控是对附着式升降脚手架在升降的过程中实施监控的重要方法。

①检查电动葫芦的电源线和荷载增量控制器的控制线有无损毁，防坠器与防坠吊杆的运动状况良好。观察提升设备、电气设备运行是否正常，若发生故障，应由专业维护人员及时进行维修。

②检查各管辖区内每台电动葫芦的通电运转情况，电动葫芦的转向是否一致；通过控制柜分别启动，预紧电动葫芦起重链，检查每台葫芦的吊钩是否勾牢传感器吊环，电动葫芦环链是否扭转等，并使每台葫芦的吊钩处于恰好受力状态，应使每个吊点的荷载控制在正常升降状态之内。

③操作人员一般每个人分管 4～5 台电动葫芦，如果在升降的过程中发现葫芦的起重链翻链、打结等有损链条或土建施工的支模钢管、方木、模板等物件与脚手架相碰或其他异常情况时，应立即通过哨声向控制台叫停，避免进一步提升可能发生的事故。

④附着式升降脚手架在升降的过程中每个人发现可疑情况都可叫停。重新启动前，应查明叫停原因排除故障后，总指挥才能发出再次提升命令。一般情况下，升降施工作业可分为 1～2 个阶段。第一阶段升降行程应控制在 10～20cm，然后进行停机检查，确认全面正常工作后，方可进行第二阶段的升、降运动，直至完成一个层高的行程高度。

（6）附着式升降脚手架每次提升、下降后验收

附着式升降脚手架每次提升、下降后必须严格按照附录 B《附着式升降脚手架检查验收表》中表 B-1《附着式升降脚手架首次安装完毕及使用前检查验收表》的各项目进行检验验收，验收合格后方可使用。液压升降附着式脚手架可按照附录 B《附着式升降脚手架检查验收表》中表 B-5《液压升降整体脚手架升降后使用前检查表》进行检验验收。

5.2.3　脚手架的拆除

（1）拆除前的检查

1）必须保证附着式升降脚手架架体稳定可靠，按施工方案要求，保持所有附着拉结，所有拉结的扣件预紧力必须控制在 40～65N·m。保持安全防护的完整和封闭，经检查达到要求后方能进行下一步操作。

2）调紧每只机位底部的斜拉杆的花篮螺栓，使斜拉杆处于均匀受力状态。

（2）低空拆除

低空拆除是指附着式升降脚手架下降到初始搭设位置再拆除，搭设落地脚手架（操作平台）至附着式升降脚手架底部，将附着升降脚手架的全部荷载传递到落地脚手架（操作平台）上。

1）拆除步骤及顺序

①拆除附属设备：拆除所有机位的动力电源线→拆除低速电动环链葫芦→搬移控制柜→拆除荷载控制系统信号线、传感器、控制模块（变送器）→拆除防坠系统装置→拆除悬吊钢梁的斜拉杆→拆除悬吊钢梁、导轨等。

②拆除架体：拆除安全网→挡脚板→脚手板→钢管。

2）注意事项

①拆除的设备、附件和构件应集中放置，放置在建筑物内安全位置，以防坠落。

②拆除架体的立杆、纵向水平杆必须两人配合。

③在附着式升降脚手架中间位置和附着式升降脚手架的底部各搭设临时挑网一道，挑杆长度为 4.5m，挑杆间距 2m，如图 5-9 所示，当脚手架自上而下拆至中间挑网时，再拆中间挑网，向下拆完脚手架后，再拆底部挑网。

④架体底部与建筑物间的空隙应进行全封闭隔离。

⑤自上而下无遗漏地清除附着式升降脚手架每步操作面上的建筑垃圾、撤离与附着式升降脚手架非紧固连接的构件、杂物，清除附着式升降脚手架覆盖的建筑结构层内距建筑周边 2m 的建筑垃圾。清除的建筑垃圾、构件、杂物应集中放置，放置在建筑物内安全位置，以防坠落。

⑥自上而下一步一清拆除，先拆除安全网，后拆钢管，拆下的钢管、竹笆应逐一传递至相应楼层内，严禁任意乱抛。拆除架体拆到中间挑网位置时再拆中间挑网，然后依次拆下部的附着式升降脚手架构件。拆下的钢管按规格分别集中堆放捆扎后由塔吊

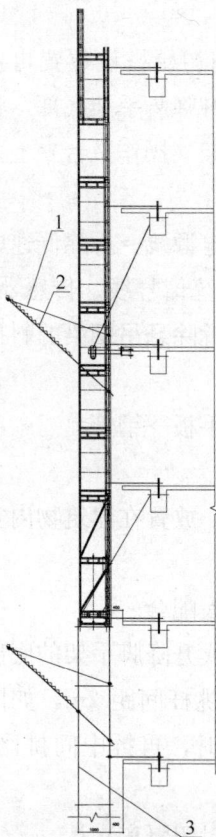

图 5-9 拆除时挑
网搭设图

1—直径 18mm 麻绳；2—安全
平网；3—落地脚手架

向下吊运，扣件、螺栓、螺母等小件物品放在专用器具内向地面搬运。

⑦在搭设落地脚手架与被拆附着式升降脚手架的机位处用钢管扣件设置不少于两根的托撑，操作人员站在落地脚手架上，以三人为一组从两机位的中间位置向两边逐根拆除上下弦杆、斜腹杆和中间框架、底部主框架组成的脚手架，重量较大的中间框架、底部主框架应由其中一人扶牢，分离后二人搬运至地面。

（3）高空拆除

高空拆除是指附着式升降脚手架提升到结构施工的最高位置不再下降，附着式升降脚手架须在高空拆除。

高空拆除主要有水平支承桁架以上的脚手架拆除及水平支承桁架的拆除两大部分。

1）水平支承桁架以上的脚手架拆除

水平支承桁架以上的脚手架拆除顺序和注意事项同低空拆除。

2）水平支承桁架的拆除

附着式升降脚手架水平支承桁架高空拆除时应有塔吊配合，根据工程对象不同拆除方法也有所不同，这里只介绍一些原则方法。

①为便于塔吊配合吊运拆卸，应对水平支承桁架进行加强，在每个机位的主框架处的桁架上弦杆位置内外两侧按要求各设置两根短管，并在机位位置的第二步主框架按图 5-10 中的 A 向所示在主框架的四根立杆的对角线方向各增设一根斜杆。然后对每

222

一机位处的底部进行加固，设置两根预埋管（在施工该层时预埋管预先埋设好），用一根钢管与附着式升降脚手架水平拉结，用另一根钢管斜撑固定附着式升降脚手架，如图 5-11 所示。

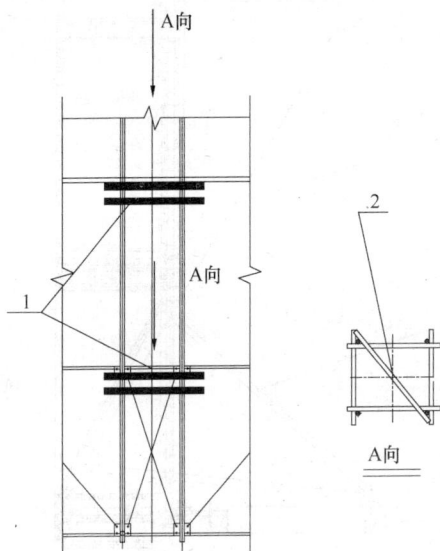

图 5-10　机位断口加固示意图

1—钢管；2—斜杆

②在桁架所在位置下一层加设挑网。

③按拆除顺序，只有拆除到机位桁架时才能拆除该机位桁架的立面安全网、防护栏杆、第二步脚手架的底部脚手板，保留第二步内外两侧的纵向水平杆，拆除的物件应集中放置在建筑物内安全位置，以防坠落。未拆除的机位桁架暂且完整、可靠地保留。

④分段拆除机位桁架脚手架必须用塔吊配合。吊运分段机位桁架必须采用四点吊，选用 3/4″钢丝绳索，其长度必须满足吊运时钢丝绳与水平面夹角大于 60°的要求，四根钢丝绳长度必须一致。

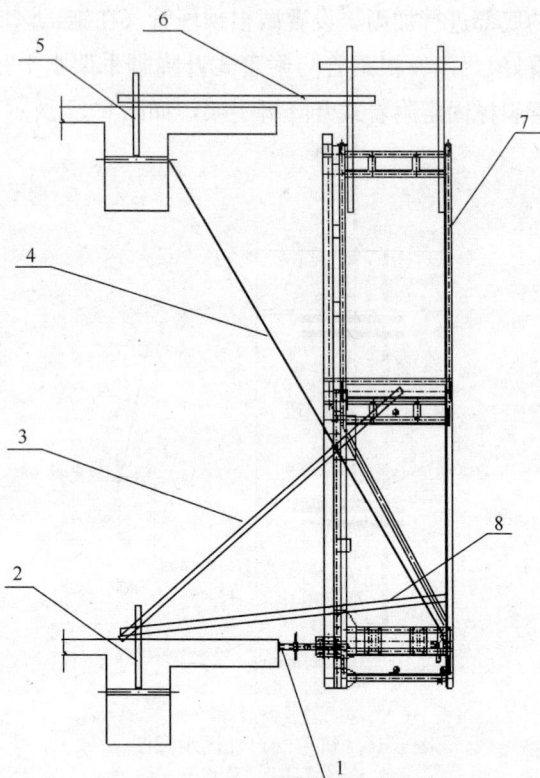

图 5-11　机位与预埋管固定图

1—可调支撑；2—预埋钢管；3—斜撑钢管；

4—下部斜拉杆；5—预埋钢管；6—临时附着拉杆；

7—主框架；8—临时水平拉杆

⑤由项目部提供塔吊型号和起重力矩特性、塔吊配合拆除时最大的回转半径位置、最大回转半径的起重量、附着式升降脚手架架体分段位置的回转半径位置和分段桁架重量，分段处的纵向水平杆先作调换处理，调换时应先安装搭设分段纵向水平杆，后拆连续的纵向水平杆。

⑥分段吊运前应对分段机位桁架脚手架重量作不遗漏的累加

复核，其总重量应小于塔机处于回转半径的额定起重的 80%，如图 5-12 所示。

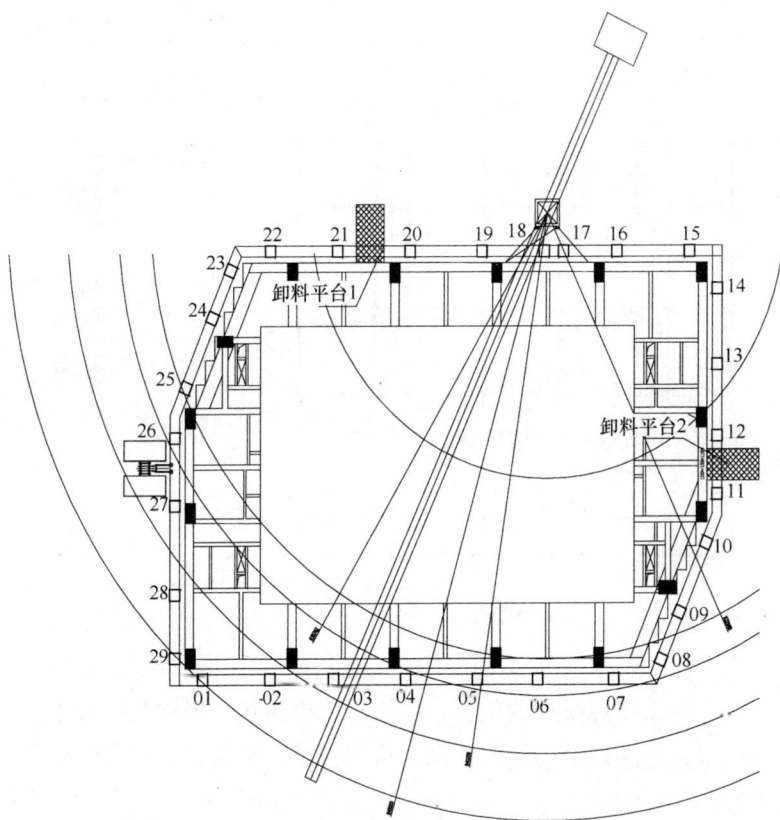

图 5-12　塔机回转半径及桁架分段图

⑦对于分段的附着式升降脚手架架体的桁架吊点位置应设置在重心位置四点吊，如图 5-13 所示，若吊点偏离重心较大时，应适当调整。在拆除底部斜拉杆前，应将被拆除的桁架使用 φ20mm 的麻绳与楼层中的混凝土柱固定牢。然后拆除底部斜拉杆，再拆除被吊桁架与建筑的水平拉结和斜撑，通过塔机的小车或大臂运转，同时在楼层内放松麻绳将被吊桁架向外移动，将被

吊桁架与麻绳一起吊运到指定地点。

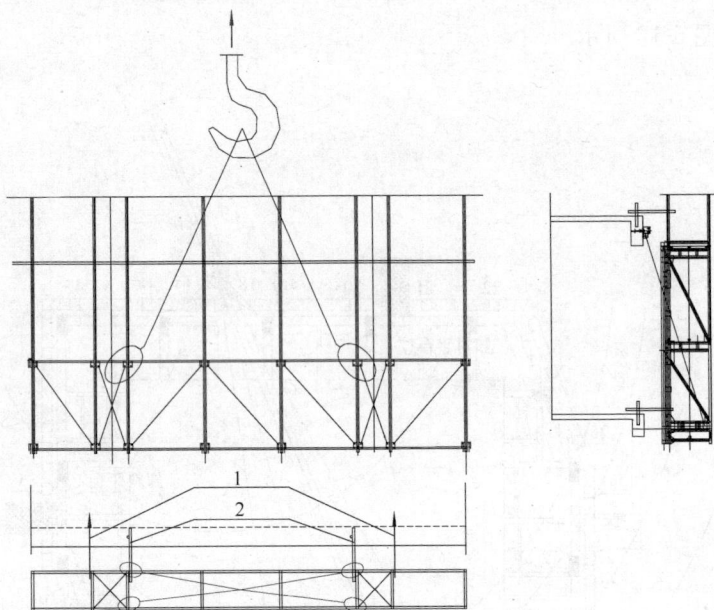

图 5-13　桁架四点吊图
1—φ20 麻绳；2—附着拉结

⑧起重指挥所处的位置，应能看到被吊物，根据被吊架体所在位置、空中转动等情况，向塔机驾驶员发出安全、可靠的指挥信号。

（4）拆除的安全保护措施

1）附着式升降脚手架的拆除方案必须经上级有关部门审批，并进行技术安全交底后，才能进行附着式升降脚手架拆除施工。

2）附着式升降脚手架拆除应设现场拆除总指挥。由现场拆除总指挥组织参与拆除的人员进行拆除方案和安全技术交底，使操作人员熟悉拆除方法、顺序、注意事项和各人职责范围。操作人员拆除时一律系好安全带，挂好保险钩，拆除过程中严禁戴手套进行操作。

3）拆除底部竹笆前应自上而下清除建筑垃圾，拆除竹笆扎结铁丝后，底部竹笆应从脚手架外侧向内侧翻转，防止少量建筑垃圾从高空坠落。

4）附着式升降脚手架拆除时，对桁架以上的脚手架应一个立面一个立面进行拆除，不允许全面铺开，不得错步拆除。吊运时对长钢管或长构件必须有防滑落的系扎绳，采用的 $\phi20$ 麻绳应经常检查，发现磨损后应及时更换。

5）拆卸的钢管、扣件、脚手板、安全网等物品严禁向下抛扔。

6）拆除的小件物品应放在专用袋内，所有操作工具必须有防坠落措施。

7）塔吊吊钩与架体四点吊的位置必须保持垂直，防止拆除时晃动。架体吊运过程中，应设专人监护，发现吊运架体有可能与建筑物或未拆除的附着式升降脚手架相碰时，应向塔机司机发出停止运行信息。

8）夜间、遇到大雨、大风（5 级及 5 级以上）等恶劣天气严禁附着式升降脚手架拆除作业，附着式升降脚手架拆除区段的楼层面及相应的地面区域设红白警戒线，并派专人监护。

6 附着式升降脚手架的使用与维护

6.1 附着式升降脚手架的使用

6.1.1 正常使用状态下的使用安全

（1）附着式升降脚手架交付使用前，施工单位、安装单位和监理单位、租赁单位应按照附录B《附着式升降脚手架检查验收表》中表B-1《附着式升降脚手架首次安装完毕及使用前检查验收表》的各项目进行检验验收，液压升降附着式脚手架可按照附录B《附着式升降脚手架检查验收表》中表B-2《液压升降整体脚手架安装后验收表》进行检验验收，验收合格，填写验收表后，方可使用。

（2）施工单位（土建）在施工过程中，应严格控制施工荷载。结构施工阶段应控制在3kN/m² 以内，最多只能二步脚手架同时受载；外墙装修阶段应控制在2kN/m² 以下，可以三步同时受载。施工荷载不能集中堆放，应分散堆放，并设专人巡视、监控。

（3）附着式升降脚手架应该加强日常保养，在提升（或下降）前，要先清除架体上的垃圾杂物，清理时应自上而下一步步清除，清理的垃圾应集中堆放在建筑物内，严禁向外、向下扔倒。

（4）附着式升降脚手架提升（或下降）的施工间隙，应对电动葫芦、液压千斤顶等动力装置进行保养，包括对减速器进行润滑、对电动葫芦环链进行清理润滑；对安全网、脚手板等安全防护设施要及时进行维护，对电气线路进行检查，对防坠、防倾覆等安全装置的建筑垃圾要应及时清理干净。

（5）附着式升降脚手架在施工过程中应经常观察由于人为因素、机械撞击等原因引起的架体变形情况，出现架体变形时应及时进行修正。

（6）附着式升降脚手架在正常使用过程中严禁进行下列作业：

1）利用架体吊运物料。

2）利用架体作为吊装点和张拉点。

3）在架体内推车。

4）任意拆除结构件或松动连接件。

5）随意拆除或移动架体上的安全防护设施。

6）起吊物料碰撞或扯动架体。

7）利用架体支撑模板。

8）将物料平台与架体连接在一起。

9）其他影响架体安全的作业。

（7）所有在使用中的电动葫芦应配置防雨措施，并经常定期对电动葫芦进行保养维护。防坠安全制动器、荷载控制器的接线盒应有防雨措施。附着式升降脚手架在使用过程中，应每月进行一次全面检查。

（8）附着式升降脚手架出现下列情况的，应当予以报废：

1）焊接结构件严重变形或锈蚀。

2）螺栓等连接件严重变形、磨损或锈蚀。

3）升降装置主要部件损坏。

4）防坠、防倾装置的部件发生明显变形。

6.1.2 架体的防护和加固方法

（1）架体悬臂端加固措施

架体的悬臂端的长度在安全技术规范中有明确的规定，由于架体自重会引起悬臂端下沉，必须对架体的悬臂端进行加固。

1）架体悬挑的底部为桁架结构，从第二步开始，在架体内外两侧用钢管扣件从主框架立杆向悬臂端最外侧的立杆搭设斜杆，并从主框架立杆向内对称搭设斜杆，如图6-1所示。

2）在架体悬臂端的最上两步的内外两侧用钢管扣件搭设成

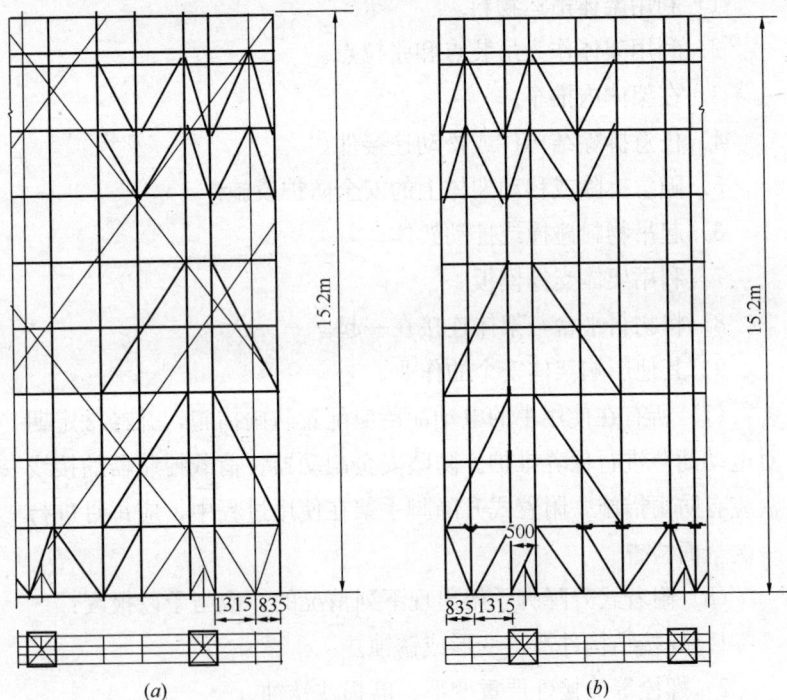

图6-1 脚手架悬臂端加强图

（a）脚手架悬臂端外侧立面加强搭设图；（b）脚手架悬臂端内侧立面加强搭设图

桁架，桁架向内延伸两根立杆距离，如图 6-1 所示。

3）附着式升降脚手架悬臂端的所有立杆采用对接扣件接长后，再用一根长 1m 钢管在对接处进行绑接，短管两端各用两只扣件扣接牢，扣件预紧力为 40～65N·m。

（2）起重机械附着装置处的加强措施

1）塔机、施工升降机等起重机械设备均安装在建筑物外侧，每隔 4～5 层塔吊的附着装置会穿过附着式升降脚手架，当附着式升降脚手架在升降时与起重机械的附着有一个相对运动，因起重机械的附着不可随意拆除，故只能拆除与起重机械的附着装置相碰的脚手架的纵向水平杆、防护栏杆或剪刀撑，在起重机械的附着装置处的两个机位附着式升降脚手架的水平承力桁架、纵向水平杆或剪刀撑应搭设成可拆卸形式。在起重机械附着装置要经过的上述附着式升降脚手架机位底部的水平承力桁架改为钢管、扣件搭设的脚手架构造，钢管、扣件脚手架必须搭设成有斜腹杆的桁架形式。并且在起重机械附着装置的最高位置（即附着式升降脚手架覆盖的第二个层高）的上一步脚手架内、外两侧均用钢管扣件搭设桁架，桁架伸入末端脚手架一个节距，如图 6-2 所示。起重机械附着装置分别穿过机位之间立杆对接接长后，再用一根 800mm 长的钢管绑接在对接处两侧，钢管两端各用两只旋转扣件连接。

2）在操作时应有步骤地进行，起重机械附着装置处的脚手架的纵向水平杆在提升时应分段局部拆卸。在拆卸纵向水平杆前，附着式升降脚手架上部或下部要有加强措施，避让起重机械附着装置后，应及时再搭设纵向水平杆。如图 6-2 所示，在起重机械附着装置最高位置的上一排脚手架内外两侧搭设成桁架形式，增加斜腹杆，保证附着式升降脚手架施工安全。

（3）卸料平台处的加强措施

土建结构施工的支模辅助材料的合理配合比及考虑到操作人

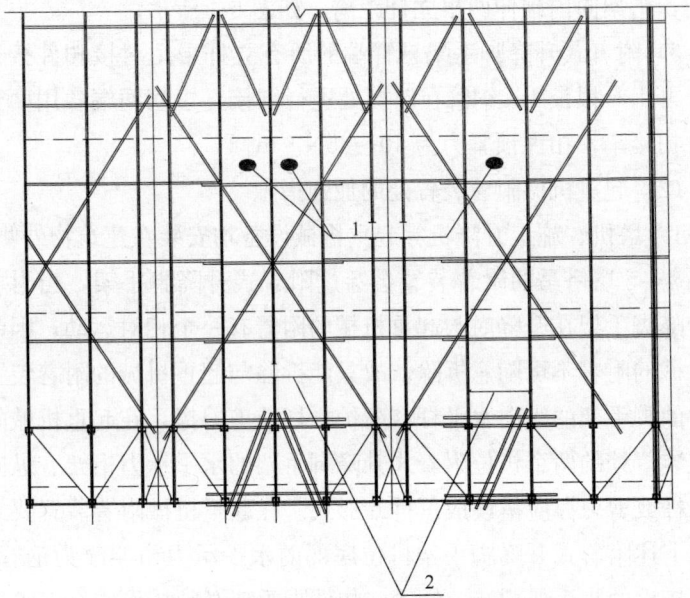

图 6-2　起重机械附着装置处脚手架断开及加强图
1—起重机械附着装置；2—纵向水平杆断开的距离

员的围护安全，辅助材料转运钢平台一般设在附着式升降脚手架覆盖四层楼的最下一层，即附着式升降脚手架在安装辅助材料转运钢平台位置留有一个口，如图 6-3 所示。在安装有辅助材料转运钢平台位置的附着式升降脚手架水平桁架向上移一个楼层高度，水平桁架连接点在主框架上。

辅助材料转运钢平台不得与附着式升降脚手架各部位和各结构部件相连，其荷载应直接传递给建筑工程结构。

附着式升降脚手架两机位之间的水平桁架向上移一个楼层高度后附着式升降脚手架断口横截面的围护和安全网应完整设置。

（4）遇大风时的安全措施

1）在大风（五级及以上）前应撤离所有堆放在附着式升降脚手架上的物料、构件等非固定物品。

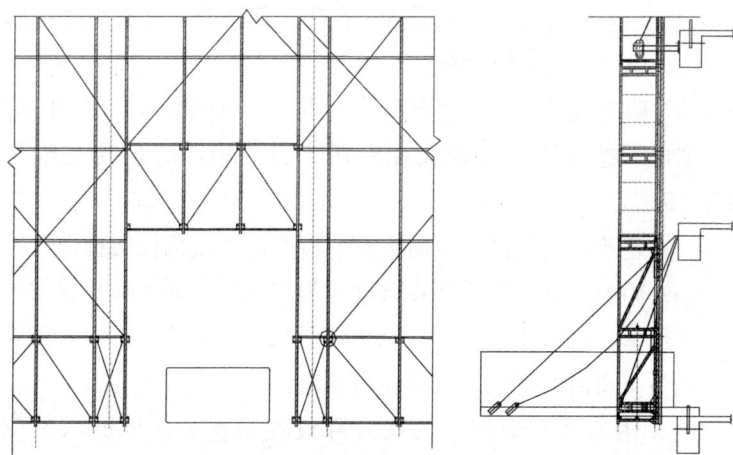

图 6-3 辅助材料转运钢平台处加强图

2）遇有大风天气应停止提升或下降作业，附着式升降脚手架除主框架位置原有的附着拉结外，建筑物每一楼层面上应增加一倍数量与建筑结构的临时附着拉结点（硬拉结）固定架体。

3）附着式升降脚手架外侧的安全网应与安全防护栏杆、立杆、纵向水平杆等封绑牢固，每层脚手板与其下侧的纵横向水平杆做可靠封绑。

4）附着式升降脚手架上端的悬臂部分与建筑物做好附着拉结，数量每跨不少于三处。

5）切断所有的电源开关。

6.1.3 升降作业的安全防护措施

（1）附着式升降脚手架每一作业层靠架体外侧必须设置防护栏杆、竹笆等防护设施。外侧用密目安全立网进行防护，底部在脚手板下铺设随层平网；密目安全立网及随层平网必须可靠地固定在架体上。

（2）附着式升降脚手架升降工况下，架体开口处必须有可靠的防止人员及物料坠落措施。

（3）附着式升降脚手架升降时不得有任何载重物。拆下的螺栓、螺母、垫板等应妥善放在专用工具袋内，防止高空坠落伤人。

（4）建筑垃圾须经常及时清理，严禁向下抛掷任何物件。

（5）附着式升降脚手架在升降过程中以提升或下降一层为一个工作段落，必须安装完所有承力架斜拉杆、硬拉结工作，严禁操作人员下班时将用电动葫芦吊着悬空。

（6）附着式升降脚手架在升降过程中每个区域的人员应严密监护，如发生故障，应立即报警，停止提升或下降，待排除故障后方可继续进行提升或下降。在提升或下降过程中，操作和监护人员如发现架体与建筑结构或其他物体相碰或可能相碰时，应及时向控制台发出停机信号，待处理后方可继续提升或下降。

（7）附着式升降脚手架在提升或下降过程中，如果发现有外倾或内倾时，应立即停止提升或下降，待纠正后方可继续提升或下降。

（8）附着式升降脚手架升降操作人员应正确佩戴安全防护用品。

（9）雨天后进行提升或下降前，应对电动葫芦、控制台等电气设备和电气线路进行绝缘检查，设备绝缘电阻应大于 $0.5M\Omega$。

（10）附着式升降脚手架进行升降作业时，操作人员严禁停留在架体上。

（11）附着式升降脚手架每次提升或下降前在附着式升降脚手架下方应设警戒区，禁止人员进入。

（12）升降作业时必须统一指挥，专人监护。

6.2　附着式升降脚手架常见故障及处置方法

6.2.1　升降时低速环链葫芦断链

（1）产生原因

1）大多数情况是在提升情况下下吊钩的链轮内有混凝土、石子等杂物，当运转时链条在链轮内的节距已改变而拉坏链条。

2）低速环链葫芦运转时有翻链的情况，翻链的链条被拉坏。

（2）处置方法

附着式升降脚手架升降每次升降前应清理链轮内的建筑垃圾和混凝土，并加油润滑链条。

6.2.2　升降时架体与支模架相碰

（1）产生原因

土建施工时支模板架向建筑外伸出距离太大，并进入附着式升降脚手架内，附着式升降脚手架在提升时硬是把模板支撑系统或脚手架架体拉坏。

（2）处置方法

与土建施工项目部协调，要求木工在支模时支模模架向建筑外伸出的距离不要大于20mm。

6.2.3　提升时架体向外倾斜

（1）产生原因

1）机位处抗倾覆导向轮没有安装或安装不正确。

2）附着式升降脚手架机位与建筑物之间的距离较大，倾覆导向轮向外伸出距离太大或太软，抗倾覆效果较差。

（2）处置方法

每个机位须在相隔两层的位置安装抗倾覆导向轮，附着式升降脚手架上升时在第二层和第四层楼面位置安装抗倾覆导向轮，附着式升降脚手架下降时在第一层和第三层楼面位置安装抗倾覆导向轮。

6.2.4　预留孔堵住与斜拉杆遗漏

（1）产生原因

1）在埋设 PVC 塑料管时，没有对塑料管的两端进行封闭，导致在浇捣混凝土时混凝土进入塑料管内而堵住。

2）在埋设 PVC 塑料管时，塑料管没有固定好，导致在浇捣混凝土时塑料管被移走而找不到预留孔。

（2）处置方法

1）在埋设 PVC 塑料管时首先要用封箱带将塑料管的两端进行封闭，固定时一定要将塑料管的两端用钢丝与主筋扎牢。

2）在浇捣混凝土时，派员对设有预埋管位置进行监护以防振捣棒头将塑料管振坏或振走。

6.2.5　防坠制动器失灵

（1）产生原因

1）防坠安全制动器内漏入混凝土等杂物，内部传动机构失灵而不起制动作用。

2）防坠杆太短，没有刺破机位处的底网，当附着式升降脚手架在提升时防坠制动杆被抬起。

（2）处置方法

1）在结构施工时，因散落的混凝土较多，故要对防坠安全制动器进行保护，特别是制动口要有防止混凝土和建筑垃圾进入的防护，附着式升降脚手架每次升降前要进行检查和清理建筑垃圾。

2）防坠制动杆要有足够的长度，以满足架体提升高度安全防护要求。

6.2.6 荷载控制器失灵

（1）产生原因

荷载控制器的变送器受潮，接线被人为拉断而荷载控制器不起作用。

（2）处置方法

为防止荷载控制器的变送器受潮，应当有防雨措施并对线路经常检查，发现问题及时修复。

6.2.7 斜拉杆附着边梁拉裂

（1）产生原因

1）预留孔埋设位置太低，在拉裂的45°截面上没有箍筋而拉裂。

2）混凝土强度太低。

（2）处置方法

1）预留孔埋设位置应在梁底向上 200mm，预留孔两侧要有箍筋。

2）附着式升降脚手架在提升前一定要有混凝土强度报告，

混凝土强度要满足附着式升降脚手架附墙装置的要求。

6.2.8 升时电控柜控制开关跳闸

（1）产生原因

1）附着式升降脚手架的总配电容量太小而不能正常启动。

2）电气设备漏电。

（2）处置方法

1）附着式升降脚手架的供电线路应单独敷设，并要有足够的用电容量。

2）查找漏电原因，进行处理。

6.2.9 脚手架架体倾斜

（1）产生原因

通常情况下，是由于防倾装置安装不当或失灵，导致架体向内或向外倾斜。

（2）处置方法

1）检查防倾装置安装是否正确。

①若防倾装置数量不足，应根据设计加装；②若防倾装置间距过小，按设计要求进行调整；③若防倾装置安装位置不正确，例如最高一组防倾装置的安装高度低于架体的重心位置，应按设计要求进行调整；④若防倾装置的支撑臂调整不当，应进行调整直至架体满足垂直度要求。

2）检查防倾装置是否有效。

①若部件损坏，应及时更换；②若防倾装置与建筑结构附着不当，应按设计要求进行安装或调整。③若可滑动导向件与导轨的间隙过大，应及时调整。

6.3 附着式升降脚手架事故案例分析

6.3.1 脚手架坠落事故分析树

附着式升降脚手架坠落事故分析树，如图6-4所示。

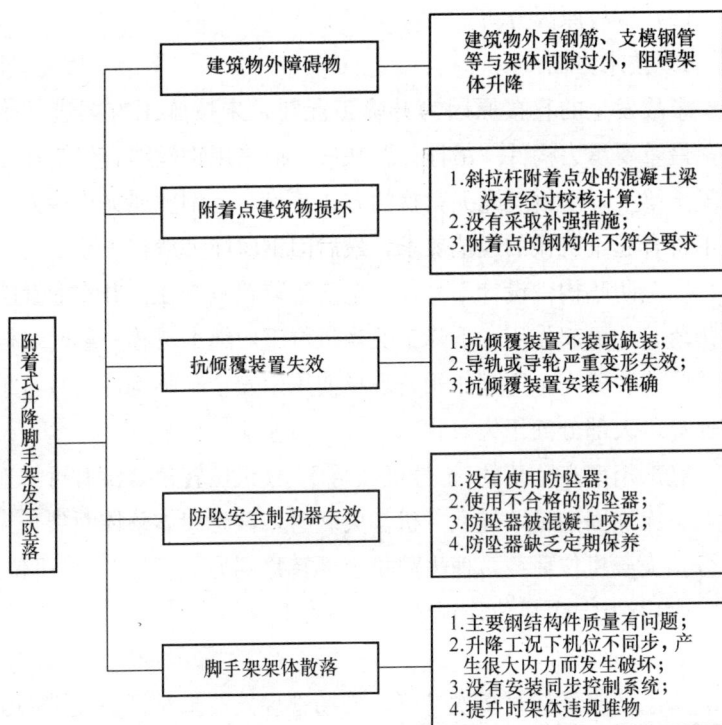

图6-4 附着式升降脚手架坠落事故分析

6.3.2 某附着式升降脚手架坠落事故

2007年某月某日，某商住楼工地脚手架施工中发生坠落事故，造成2人死亡、2人重伤。

（1）事故发生经过

该工程3号楼东北角的一组脚手架共由14个机位组成。在当日上午8时做脚手架从11层下降到10层的准备工作时，发生13个机位向下坠落，造成2人死亡、2人重伤。

（2）事故原因分析

1）技术方面

事故发生的直接原因为升降工况时，未按施工方案进行施工，最重要承力构件"吊挂件"缺失，而采用钢丝绳直接绕挂在混凝土梁上，用钢丝绳夹紧箍的方式替代，且钢丝绳夹连接方式也不符合起重机械的规范要求，最后因钢丝绳夹滑移失载。

安全防坠构件设计不当，安全防坠装置只有在上升作业及瞬间坠落时才可起作用，下降工况当机位钢丝绳卡滑移失载时，摆针式防坠装置完全不起作用，现场使用中安全防坠构件无日常维护保养，大部分处于失效状态。

底部桁架在坠落的31号机位与32号机位转角处没有可靠连接，且无加固措施，导致一机位失载时，该处架体整体断裂，无法分担失载机位荷载，使失载量全部转移到另一相邻30号机位，并发生后续12个机位连锁脱落、坠落事故。

2）管理方面

脚手架已经经过多次升降，现场管理人员未对设备关键部位做检查或发现后置之不理。附着式升降脚手架升降时，有明确规定架子上不允许有其他工种作业，应派专人巡视。而此次架子上其他人员较多，现场操作工人安全意识淡薄。以上各项证明现场管理人员管理没有到位，安全意识薄弱，对现场情况该作出教育，监督管理的地方没有做好工作。

（3）事故教训与警示

1）施工单位和附着式升降脚手架专业承包单位要严格附着式升降脚手架的技术管理，加强附着脚手架结构件，特别是安全装置的检查，发现问题，及时整改。

2）本次事故主要是施工单位管理失误，对现场管理麻痹大意和安全技术上的认识不够。对违章施工未发现或发现后未制止，对工人安全教育不够，以至出现此重大事故。工程安全管理必须做到细致入微，任何一个小的隐患就可能酿成一次的事故，施工单位应加强安全管理，必须做到勤检查、严管理，只有工作认真了才能减少此类事故的发生。

6.3.3　某附着式升降脚手架坍塌事故

2002 年某月某日，某广场发生一起附着式脚手架坍塌事故，造成 4 人死亡。

（1）事故发生经过

2002 年某月某日，脚手架的附着高度在工程的第 17 层至 19 层，此脚手架附着支撑形式为"吊拉式"，随脚手架的升降，其斜拉杆的悬吊位置也需随之进行改变。当作业人员将 1 号主框架拉杆逐渐拆除到 5 号主框架时，脚手架主框架便从 1 号主框架依次向 5 号主框架倒塌过来，造成 4 名作业人员随脚手架坠落死亡。

（2）事故原因分析

1）技术方面

操作人员违章作业。此种脚手架属侧向支撑结构，架体荷载通过主框架、斜拉杆及附墙架传给建筑结构。在改变斜拉杆位置时，作业人员应该先进行一榀主框架拉杆拆除，并按新位置将附墙支架固定后，才能进行另一榀主框架的拆除和固定。而作业人员采取了将数榀主框架附墙架同时拆除的方法，使脚手架支撑点明显减少，造成架体失稳倒塌。

附着式升降脚手架质量不合要求。此附着式升降脚手架的附墙支架及吊环经改造加长后，焊缝未达到设计和规范要求，未经检查确认就盲目使用，受力后导致破坏，使脚手架失去支撑倒塌。

2）管理方面

脚手架违章使用。按照规定：脚手架在升降和使用情况下，应确保每一主框架的附着支撑不得少于二处。而该脚手架没有严格执行交接验收，致使作业人员随意上下，在脚手架没有足够的附着支撑情况下安排人员上架作业，导致脚手架失稳。

另外，脚手架在进行装修作业时，规定同时作业不得超过3层，而该脚手架上铺设了7层脚手板，作业层数严重失控。

从以上可以看出，从脚手架设计制作、施工管理以及作业人员操作都存在严重问题，导致了这次事故的发生。

（3）事故警示与教训

截至目前，附着式升降脚手架施工技术，由于产品未定型，从设计、制作到使用管理，仍有不同程度尚待改进的问题。

1）一些产品在经过鉴定后，产品单位为了本单位的经济利益，又进行了局部变更，使供给施工单位的产品与鉴定的产品不一致，而监督单位只是宏观掌握规定，并不详知具体设计、制作要求，所以使隐患不能及时发现和制止。监督部门应加强附着式升降脚手架产品的动态管理，保证产品质量不出现问题；生产厂家应严格按规范进行生产、施工，确保产品的安装质量。

2）附着式升降脚手架的施工组织要求具有专业水平和较高的组织能力，必须经培训具有相应资质，且主要管理人员熟悉规范、懂得施工程序。而目前一些施工现场的管理混乱，不严格按照规范施工，多是用"没出事"和"不死人"来作为自己管理没有问题的理由，最终发生事故时，才去总结教训。施工单位应加强对有关技术人员的培训，规范施工现场管理，将事故隐患消灭在萌芽状态。

附录 1　起重机　钢丝绳
保养、维护、安装、检验和报废
GB/T 5972—2009/ISO 4309：2004

1　范围

本标准对在起重机上使用的钢丝绳的保养、维护、安装和检验规定了详细的实施准则，而且列举了实用的报废标准，以促进安全使用起重机。

本标准适用于 GB/T 6074.1—2008 所定义的下列类型的起重机：

——缆索及门式缆索起重机；

——悬臂起重机（柱式、壁上或自行车式）；

——甲板起重机；

——桅杆及牵索式桅杆起重机；

——斜撑式桅杆起重机；

——浮式起重机；

——流动式起重机；

——桥式起重机；

——门式起重机或半门式起重机；

——门座起重机或半门座起重机；

——铁路起重机；

——塔式起重机。

本标准可以应用在无论用手动，还是机械、电力或液力驱动的使用吊钩、抓斗、电磁铁、钢包的起重机、挖掘机或堆垛机。

本标准也可以应用在使用钢丝绳的起重机葫芦和起重机滑车。

2 术语和定义

下列术语和定义适用于本标准。

2.1

钢丝绳实际直径 actual nope diameter

在同一截面相互垂直的方向上测量钢丝绳直径，取得的两次测量的平均值，单位为毫米。

2.2

间隙 clearance

钢丝绳股的任意层中各钢丝之间或在同层中任意绳股之间的间隙。

2.3

卷筒上跃层部分钢丝绳 cross-over of rope on a drum

由于卷筒槽型或下层钢丝绳结构的影响，钢丝绳从一圈绕到另一圈时改变其常规路径的绳段。

2.4

同向捻 lang lay

外层股中钢丝的捻向与外层绳股在钢丝绳中的捻向相同。

2.5

缠绕 wrap

钢丝绳绕卷筒一圈。

2.6

捻距 lay length

螺线形钢丝绳外部钢丝和外部绳股围绕绳芯旋转一整圈（或一个螺旋），沿钢丝绳轴向测得的距离。

2.7

钢丝绳公称直径 nominal rope diameter

钢丝绳直径的标称值，单位为毫米。

2.8

交互捻 ordinary lay; regular lay

钢丝绳中绳股的捻向与其外层股中钢丝的捻向相反。

2.9

卷盘 reel

缠绕钢丝绳的带凸缘的卷盘，用于钢丝绳的装船发运或贮存。

注：卷盘可以是木制或钢制的，取决于缠绕钢丝绳的质量。

2.10

钢丝绳芯 rope core

支撑外部绳股的钢丝绳的中心组件。

2.11

钢丝绳检验记录 rope examination record

栓验后的钢丝绳的历史记录和现状记录。

2.12

单层股钢丝绳 single-layer rope

由单层股绕一个芯螺旋捻制而成的多股钢丝绳。

2.13

平行捻密实钢丝绳 parallel-closed rope

至少由两层平行捻股围绕一个芯螺旋捻制而成的多股钢丝绳。

2.14

阻旋转钢丝绳 rotation-resistant rope

承载时能减小扭矩和旋转程度的多股钢丝绳。

注1：阻旋转钢丝绳通常由两层或更多层股围绕一个芯螺旋捻制而成，外层股与相邻内层股捻向相反。

注2：由三支或四支股组成的钢丝绳也具有阻旋转的特性。

注3：阻旋转钢丝绳曾被称为反向捻钢丝绳、多层股钢丝绳和不旋转钢

丝绳。

2.15

多股钢丝绳 stranded rope

通常由多个股围绕一个绳芯或一个中心螺旋捻制一层或多层的钢丝绳。

注：由三支或四支外层股组成的多股钢丝绳可能没有绳芯。

3 钢丝绳

3.1 安装前的状况

3.1.1 钢丝绳的置换

起重机上只应安装由起重机制造商指定的具有标准长度、直径、结构和破断拉力的钢丝绳，除非经起重机设计人员、钢丝绳制造商或有资格人员的准许，才能选择其他钢丝绳。

钢丝绳与卷筒、吊钩滑轮组或起重机结构的连接只应采用起重机制造商规定的钢丝绳端接装置或同样应经批准的供选方案。

3.1.2 钢丝绳长度

所用钢丝绳的长度应充分满足起重机的使用要求，并且在卷筒上的终端位置应至少保留两圈钢丝绳。根据使用情况，如需从较长的钢丝绳上截取一段时，应对两端断头进行处理；或在切断时，采用适当的方法来防止钢丝绳松散（见附图1-1）。

3.1.3 起重机和钢丝绳制造商的使用说明书

应遵守在起重机手册和由钢丝绳制造商给出的使用说明书中的规定。

在起重机上重新安装钢丝绳之前，应检查卷筒和滑轮上的所有绳槽，确保其完全适合替换的钢丝绳（见第5章）。

3.1.4 卸货和储存

为了避免意外事故，钢丝绳应谨慎小心地卸货。卷盘或绳卷既不允许坠落，也不允许用金属吊钩或叉车的货叉插入钢丝绳。

钢丝绳应储存在凉爽、干燥的仓库内，且不应与地面接触。钢丝绳绝不允许储存在易受化学烟雾、蒸汽或其他腐蚀剂侵袭的场所。储藏的钢丝绳应定期检查，且如有必要，应对钢丝绳包扎。如果户外储藏不可避免，则钢丝绳应加以覆盖以免湿气导致锈蚀。

从起重机上卸下的待用的钢丝绳应进行彻底的清洁，在储存之前对每一根钢丝绳进行包扎。

长度超过 30m 的钢丝绳应在卷盘上储存。

3.2 安装

3.2.1 展开和安装

当钢丝绳从卷盘或绳卷展开时，应采取各种措施避免绳的扭转或降低钢丝绳扭转的程度。因为钢丝绳扭转可能会在绳内产生结环、扭结或弯曲的状况。为避免发生这种状况，对钢丝绳应采取保持张紧呈直线状态的措施（见附图 1-2）。

因旋转中的钢丝绳卷盘具有很大的惯性，故对此需要进行控制，使钢丝绳按顺序缓慢地释放出来。

绳卷中的钢丝绳应从一个卷盘中放出。作为一种选择，在较短长度的绳卷的外部绳端可能呈自由状态而剩余绳段则沿着地面向前滚动（见附图 1-3）。为搬运方便，内部绳端应首先被固定到邻近的外圈。切勿由平放在地面的绳卷或卷盘释放钢丝绳（见附图 1-4）。

钢丝绳在释放过程中应尽可能保持清洁。钢丝绳截断时，应按制造厂商的说明书进行（见附图 1-1）。

为确保阻旋转钢丝绳的安装无旋紧或旋松现象，应对其给予特别关注，且任何切断是安全可靠和防止松散的。

注 1：如果绳股被弄乱，很可能在后来的使用期间发生钢丝绳的变形，而且可能降低其使用寿命。

注 2：钢丝绳安装期间旋紧或旋松现象可导致吊钩组的附加扭转。

钢丝绳在安装时不应随意乱放，亦即转动既不应使之绕进也不应使之绕出。在安装的时候，钢丝绳应总是同向弯曲，亦即从卷盘顶端到卷筒顶端，或从卷盘底部到卷筒底部处释放均应同向（见附图 1-2）。

终端固定应特别小心确保安全可靠且应符合起重机手册的规定。

如果在安装期间起重机的任何部分对钢丝绳产生摩擦，则接触部位应采取有效的保护措施。

3.2.2　使用前试运转

钢丝绳在起重机上投入使用之前，用户应确保与钢丝绳运行关联的所有装置运转正常。为使钢丝绳及其附件调整到适应实际使用状态，应对机构在低速和大约 10％左右的额定工作载荷（WLL）的状态下进行多次操作循环运转操作。

3.3　维护

对钢丝绳所进行的维护应与起重机、起重机的使用、环境以及所涉及的钢丝绳类型有关。除非起重机或钢丝绳制造商另有指示，否则钢丝绳在安装时应涂以润滑脂或润滑油。以后，钢丝绳应在必要的部位作清洗工作，而对在有规则的时间间隔内重复使用的钢丝绳，特别是绕过滑轮的长度范围内的钢丝绳在显示干燥或锈蚀迹象之前，均应使其保持良好的润滑状态。

钢丝绳的润滑油（脂）应与钢丝绳制造商使用的原始润滑油（脂）一致，且具有渗透力强的特性。如果钢丝绳润滑在起重机手册中不能确定，则用户应征询钢丝绳制造商的建议。

钢丝绳较短的使用寿源于缺乏维护，尤其是起重机在有腐蚀性的环境中使用，以及由于与操作有关的各种原因，例如在禁止使用钢丝绳润滑剂的特定场合下使用。针对这种情况，钢丝绳检验的周期应相应缩短。

3.4 检验

3.4.1 周期

3.4.1.1 日常外观检验

每个工作日都应尽可能对任何钢丝绳的所有可见部位进行观察，目的是发现一般的损坏和变形。应特别注意钢丝绳在起重机上的连接部位（见图 A.1），钢丝绳状态的任何可疑变化情况都应报告，并由主管人员按照 3.4.2 的规定进行检查。

3.4.1.2 定期检验

定期检验应由主管人员按照 3.4.2 的规定进行。为了确定定期检验的周期，应考虑如下各点：

——国家对应用钢丝绳的法规要求；

——起重机的类别及使用地的工作环境；

——起重机的工作级别；

——前期的检验结果；

——钢丝绳已使用的时间。

流动式起重机和塔式起重机用钢丝绳至少应按主管人员的决定每月检查一次或更多次。

注：根据钢丝绳的使用情况，主管人员有权决定缩短检查的时间间隔。

3.4.1.3 专项检验

专项检验应按照 3.4.2 的规定进行。

在钢丝绳和/或其固定端的损坏而引发事故的情况下，或钢丝绳经拆卸又重新安装投入使用前，均应对钢丝绳进行一次检查。

如起重机停止工作达 2 个月以上，在重新使用之前应对钢丝绳预先进行检查。

注：根据钢丝绳的使用情况，主管人员有权决定缩短检查的时间间隔。

3.4.1.4 在合成材料滑轮或带合成材料衬套的金属滑轮上使用的钢丝绳的检验

在纯合成材料或部分采用合成材料制成的或带有合成材料轮

衬的金属滑轮上使用的钢丝绳，其外层发现有明显可见的断丝或磨损痕迹时，其内部可能早已产生了大量的断丝。在这些情况下，应根据以往的钢丝绳使用记录制定钢丝绳专项检验进度表，其中既要考虑使用中的常规检查结果，又要考虑从使用中撤下的钢丝绳的详细检验记录。

应特别注意已出现干燥或润滑剂变质的局部区域。

对专用起重设备用钢丝绳的报废标准，应以起重机制造商和钢丝绳制造商之间交换的资料为基础。

注：根据钢丝绳的使用情况，主管人员有权决定缩短检查的时间间隔。

3.4.2 检验部位

3.4.2.1 通则

钢丝绳应作全长检查，还应特别注意下列各部位：

——运动绳和固定绳两者的始末端；

——通过滑轮组或绕过滑轮的绳段；

——在起重机重复作业情况下，当起重机在受载状态时的绕过滑轮的钢丝绳任何部位（见附录 A）；

——位于平衡滑轮的钢丝绳段；

——由于外部因素（例如舱口栏板）可能引起磨损的钢丝绳任何部位；

——产生锈蚀和疲劳的钢丝绳内部（见附录 C）；

——处于热环境的绳段。

检验的结果应记录在起重机检验的记录本中（典型示例见第 6 章和附录 B）。

3.4.2.2 索具除外的绳端部位

应对从固定端引出的钢丝绳段作检查，这个部位是发生疲劳（断丝）和锈蚀的危险点。对固定装置本身也应作变形或磨损检验。

对于采用压制或锻造绳箍的绳端固定装置应进行类似的检验，并检验绳箍材料是否有裂纹以及绳箍和钢丝绳之间可能的滑移。

可拆卸的装置（例如楔形接头、钢丝绳夹）应检验其内部绳段和绳端内的断丝情况，并确保楔形接头、钢丝绳夹的紧固性，检验内容还包括绳端装置是否完全符合相关标准和操作规程的要求。

对手工编织的环状插扣式绳头应只使用在接头的尾部（目的是为了防止绳端突出的钢丝伤手），而接头的其余部位应随时用肉眼检查其断丝的情况。

若断丝明显发生在绳端装置附近或绳端装置内，可将钢丝绳截短再重新装到绳端固定装置上使用，然而，钢丝绳最终的长度应充分满足在卷筒上缠绕最少圈数的要求。

3.4.3 无损检测

借助电磁技术的无损检测可作为对外观检验的辅助检验，用以确定钢丝绳损坏的区域和程度。

拟采用电磁方法以 NDT（无损检测）作为对外观检验的辅助检验时，应在钢丝绳安装之后尽快地进行初始的电磁 NDT（无损检测）。

3.5 报废标准

3.5.1 总则

钢丝绳的安全使用由下列各项标准来判定（见 3.5.2～3.5.12）：

——断丝的性质和数量；

——绳端断丝；

——断丝的局部聚集；

——断丝的增加率；

——绳股断裂；

——绳径减小，包括从绳芯损坏所致的情况；

——弹性降低；

——外部和内部磨损；

——外部和内部锈蚀；

——变形；

——由于受热或电弧的作用引起的损坏；

——永久伸长率。

所有的检验均应考虑上述各项因素，作为公认的特定标准。但钢丝绳的损坏通常是由多种综合因素造成的，主管人员应根据其累积效应判断原因并作出钢丝绳是报废还是继续使用的决定。

在所有的情况下，检验人员应调查研究是否因起重机工作异常引起钢丝绳损坏；如果是，则应在安装新钢丝绳之前，推荐采取消除导致工作异常的措施。

单项损坏程度应作评定，并以专项报废标准的百分比表示。钢丝绳在任何的给定部位损坏的累积程度应将该部位记录的单项值相加来确定。当在任何的部位累积值达到100％时，该钢丝绳应报废。

3.5.2　断丝的性质和数量

起重机的总体设计不允许钢丝绳有无限长的使用寿命。

对于6股和8股的钢丝绳，断丝通常发生在外表面。对于阻旋转钢丝绳，断丝大多发生在内部因而是"非可见的"的断丝。附表1-1和附表1-2是指3.5.3～3.5.12中各种因素进行综合考虑后的断丝控制标准。

谷部断丝可能指示钢丝绳内部的损坏，需要对该区段钢丝绳作更周密的检验。当在一个捻距内发现两处或多处的谷部断丝时，钢丝绳应考虑报废。

当制定阻旋转钢丝绳报废标准时，应考虑钢丝绳结构、使用长度和钢丝绳使用方式。有关钢丝绳的可见断丝数及其报废标准在附表1-2中给出。

应特别注意出现润滑油发干或变质现象的局部区域。

钢制滑轮上使用的单层股钢丝绳和平行捻密实钢丝绳中达到或超过报废标准的可见断丝数　附表 1-1

钢丝绳类别号 RCN (参见附录 E)	外层股中承载钢丝的总数[a] n	可见断丝的数量[b]					
		在钢制滑轮和/或单层缠绕在卷筒上工作的钢丝绳区段（钢丝断裂随机分布）[d]				多层缠绕在卷筒上工作的钢丝绳区段[c]	
		工作级别 M1～M4 或未知级别[c]				所有工作级别	
		交互捻		同向捻		交互捻和同向捻	
		长度范围 大于 $6d$[e]	长度范围 大于 $30d$[e]	长度范围 大于 $6d$[e]	长度范围 大于 $30d$[e]	长度范围 大于 $6d$[e]	长度范围 大于 $30d$[e]
01	$n{\leqslant}50$	2	4	1	2	4	8
02	$51{\leqslant}n{\leqslant}75$	3	6	2	3	6	12
03	$76{\leqslant}n{\leqslant}100$	4	8	2	4	8	16
04	$101{\leqslant}n{\leqslant}120$	5	10	2	5	10	20
05	$121{\leqslant}n{\leqslant}140$	6	11	3	6	12	22
06	$141{\leqslant}n{\leqslant}160$	6	13	3	6	12	26
07	$161{\leqslant}n{\leqslant}180$	7	14	4	7	14	28
08	$181{\leqslant}n{\leqslant}200$	8	16	4	8	16	32
09	$201{\leqslant}n{\leqslant}220$	9	18	4	9	18	36
10	$221{\leqslant}n{\leqslant}240$	10	19	5	10	20	38
11	$241{\leqslant}n{\leqslant}260$	10	21	5	10	20	42

钢丝绳类别号 RCN (参见附录 E)	外层股中承载钢丝的总数 n [a]	可见断丝的数量 [b]						
		在钢制滑轮和/或单层缠绕在卷筒上工作的钢丝绳区段 (钢丝断裂随机分布) 工作级别 M1~M4 或未知级别 [d]				多层缠绕在卷筒上工作的钢丝绳区段 [c] 所有工作级别		
		交互捻		同向捻		交互捻和同向捻		
		长度范围 大于 $6d$ [e]	长度范围 大于 $30d$ [e]	长度范围 大于 $6d$ [e]	长度范围 大于 $30d$ [e]	长度范围 大于 $6d$ [e]	长度范围 大于 $30d$ [e]	
12	$261 \leqslant n \leqslant 280$	11	22	6	22	6	11	22	44
13	$281 \leqslant n \leqslant 300$	12	24	6	24	6	12	24	48
	$n > 300$	$0.04n$	$0.08n$	$0.02n$	$0.08n$	$0.02n$	$0.04n$	$0.08n$	$0.16n$

注：
1. 具有外层股且每股钢丝数目≤19 根的西鲁型 (Seale) 钢丝绳 (例如 6×19 西鲁型) 钢丝绳，在表中被分列于两行，上面一行构成为正常放置的外层股的承载钢丝的数目。
2. 在多层缠绕卷筒区段上述数值也可适用于在滑轮工作的钢丝绳的其他区段，该滑轮是用合成材料制成的或具有合成材料轮衬。但不适用于专门用于在滑轮工作的或以由合成材料轮衬组合成钢轮工作的滑轮区段。

a 本标准中的填充钢丝未被视为承载钢丝，因而不包含在 n 值中。
b 一根断丝会有两个断头 (按一根钢丝计数)。
c 这些数值适用于在欧层区和由重叠人角影响重叠层之间产生干涉而损坏的区段 (且并非仅在滑轮工作和不缠绕在卷筒上的钢绳的那些区段)。
d 可将以上所列断丝数的两倍数值用于已知其工作级别为 M5~M8 的机构。参见 GB/T 24811.1—2009。
e d——钢丝绳公称直径。

255

钢丝绳类别号 RCN（见附录 E）	钢丝绳外层股数和在外层股中承载钢丝总数[a] n	可见断丝数量[b]			
		在钢制滑轮和/或单层缠绕在卷筒上工作的钢丝绳区段		多层缠绕在卷筒上工作的钢丝绳区段[c]	
		长度范围大于 $6d$[d]	长度范围大于 $30d$[d]	长度范围大于 $6d$[d]	长度范围大于 $30d$[d]
21	4 股　$n{\leqslant}100$	2	4	2	4
	3 股或 4 股　$n{\geqslant}100$	2	4	4	8
	至少 11 个外层股				
23-1	$76{\leqslant}n{\leqslant}100$	2	4	4	8
23-2	$101{\leqslant}n{\leqslant}120$	2	4	5	10
23-3	$121{\leqslant}n{\leqslant}140$	2	4	6	11
24	$141{\leqslant}n{\leqslant}160$	3	6	6	13
25	$161{\leqslant}n{\leqslant}180$	4	7	7	14
26	$181{\leqslant}n{\leqslant}200$	4	8	8	16
27	$201{\leqslant}n{\leqslant}220$	4	9	9	18
28	$221{\leqslant}n{\leqslant}240$	5	10	10	19
29	$241{\leqslant}n{\leqslant}260$	5	10	10	21
30	$261{\leqslant}n{\leqslant}280$	6	11	11	22
31	$281{\leqslant}n{\leqslant}300$	6	12	12	24
	$n{>}300$	6	12	12	24

注　1. 具有外层股的每股钢丝数 ${\leqslant}19$ 根的西鲁型（Seale）钢丝绳（例如 18×19 西鲁型－WSC 型）在表中被放置在两行内，上面一行构成为正常放置的外层股承载钢丝的数目。

　　2. 在多层缠绕卷筒区段上述数值也可适用于在滑轮工作的钢丝绳的其他区段，该滑轮是用合成材料制成的或具有合成材料轮衬。它们不适用于在专门用合成材料制成的或以由合成材料内层组合的单层卷绕的滑轮工作的钢丝绳。

[a]　本标准中的填充钢丝未被视为承载钢丝，因而不包含在 n 值中。

[b]　一根断丝会有两个端头（计算时只算一根钢丝）。

[c]　这些数值适用于在跃层区和由于缠人角影响重叠层之间产生干涉而损坏的区段（且并非仅在滑轮工作和不缠绕在卷筒上的钢丝绳的那些区段）。

[d]　d——钢丝绳名义直径。

3.5.3　绳端断丝

绳端或其邻近的断丝，尽管数量很少但表明该处的应力很大，可能是绳端不正确的安装所致，应查明损坏的原因。为了继续使用，若剩余的长度足够，应将钢丝绳截短（截去绳端断丝部位）再造终端。否则，钢丝绳应报废。

3.5.4　断丝的局部聚集

如断丝紧靠在一起形成局部聚集，则钢丝绳应报废。如这种断丝聚集在小于 $6d$ 的绳长范围内，或者集中在任一支绳股里，那么，即使断丝数比附表 1-1 或附表 1-2 列出的最大值少，钢丝绳也应予以报废。

3.5.5　断丝的增加率

在某些使用场合，疲劳是引起钢丝绳损坏的主要原因，钢丝绳在使用一个时期之后才会出现断丝，而且断丝数将会随着时间的推移逐渐增加。在这种情况下，为了确定断丝的增加率，建议定期仔细检验并记录断丝数，以此为据可用以推定钢丝绳未来报废的日期。

3.5.6　绳股断裂

如果整支绳股发生断裂，钢丝绳应立即报废。

3.5.7　绳径因绳芯损坏而减小

由于绳芯的损坏引起钢丝绳直径减小的主要原因如下：

——内部的磨损和钢丝压痕；

——钢丝绳中各绳股和钢丝之间的摩擦引起的内部磨损，特别是当其受弯曲时尤甚；

——纤维绳芯的损坏；

——钢芯的断裂；

——阻旋转钢丝绳中内层股的断裂。

如果这些因素引起阻旋转钢丝绳实测直径比钢丝绳公称直径减小 3%，或其他类型的钢丝绳减小 10%，即使没有可见断丝，钢丝绳也应报废。

注：通常新的钢丝绳实际直径大于钢丝绳公称直径。

微小的损坏，特别当钢丝绳应力在各绳股中始终得以良好的平衡时，从通常的检验中不可能如此明显检出。然而，此种情况可能造成钢丝绳强度大大降低。因此，对任何细微的内部损坏均应采用内部检验程序查证（见附录 C 或采用无损检测）。如果此种损坏被证实，钢丝绳应报废。

3.5.8　外部磨损

钢丝绳外层绳股的钢丝表面的磨损，是由于其在压力作用下机组轮和卷筒的绳槽接触摩擦造成的。这种现象在吊运载荷加速或减速运动时，在钢丝绳与滑轮接触部位特别明显。而且表现为外部钢丝被磨成平面状。

润滑不足或不正确的润滑以及灰尘和砂砾促使磨损加剧。

磨损使钢丝绳股的横截面积减小从而降低钢丝绳的强度，如果由于外部的磨损使钢丝绳实际直径比其公称直径减小 7％或更多时，即使无可见断丝，钢丝绳也应报废。

3.5.9　弹性降低

在某些情况下，通常与工作环境有关，钢丝绳的实际弹性显著降低，继续使用是不安全的。

弹性降低较难发现，如果检验人员有任何怀疑，应征询钢丝绳专家的意见。然而，弹性降低通常还与下列各项有关：

——绳径的减小；

——钢丝绳捻距的伸长；

——由于各部分彼此压紧，引起钢丝之间和绳股之间缺乏空隙；

——在绳股之间或绳股内部，出现细微的褐色粉末；

——韧性降低。

虽未发现可见断丝，但钢丝绳手感会明显僵硬且直径减小，比单纯由于钢丝磨损使直径减小要更严重，这种状态会导致钢丝绳在动载作用下突然断裂，是钢丝绳立即报废的充分理由。

3.5.10 外部和内部腐蚀

3.5.10.1 一般情况

腐蚀在海洋和工业污染的大气中特别容易发生。它不仅会由于钢丝绳金属断面减小导致钢丝绳的破断强度降低，而且严重破裂的不规则表面还会促使疲劳加速。严重的腐蚀能引起钢丝绳的弹性降低。

3.5.10.2 外部腐蚀

外部钢丝的锈蚀通常可用目测发现。

由于腐蚀侵袭及钢材损失而引起的钢丝松弛，是钢丝绳立即报废的充分理由。

3.5.10.3 内部腐蚀

这种情况比时常伴随它发生的外部腐蚀更难发现，但是下列现象可供识别（见附录 D）：

——钢丝绳直径的变化；

——钢丝绳在绕过滑轮的弯曲部位，通常会发生直径减小。但静止段的钢丝绳由于外层绳股锈蚀而引起绳径增加并非罕见。

——钢丝绳的外层绳股间的空隙减小，还经常伴随出现绳股之间或绳股内部的断丝。

如果有任何内部腐蚀的迹象，应按附录 C 的说明由主管人员对钢丝绳作内部检验。一经确认有严重的内部腐蚀，钢丝绳应立即报废。

3.5.11 变形

3.5.11.1 一般情况

钢丝绳失去它的正常形状而产生可见的畸形称为"变形"，这种变形会导致钢丝绳内部应力分布不均匀。

3.5.11.2 波浪形

波浪形是一种变形，它使钢丝绳无论在承载还是在卸载状态下，其纵向轴线呈螺旋线形状。这种变形不一定导致强度的损失，但变形严重时，可能产生跳动造成钢丝绳传动不规则。长期工作之后，会引起磨损加剧和断丝。

在出现波浪形（见附图1-5）的情况下，如果绕过滑轮或卷筒的钢丝绳在任何载荷状态下不弯曲的直线部分满足以下条件：

$$d_1 > 4d/3$$

或如果绕过滑轮或卷筒的钢丝绳的弯曲部分满足以下条件：

$$d_1 > 1.1d$$

则钢丝绳均应予以报废。

式中 d——为钢丝绳公称直径；

d_1——为钢丝绳变形后相应的包络直径。

3.5.11.3 笼状畸变

篮形或笼状畸变也称"灯笼形"，是由于绳芯和外层绳股的长度不同生产的结果。不同的机构均能产生这种畸变。

例如当钢丝绳以很大的偏角绕入滑轮或者卷筒时，它首先接触滑轮的轮缘或卷筒绳槽尖，然后向下滚动落入绳槽的底部。这个特性导致对外层绳股的散开程度大于绳芯，因而使钢丝绳股和绳芯间产生长度差。

钢丝绳绕过"致密滑轮"即绳槽半径太小的滑轮时，钢丝绳被压缩使绳径减小，同时造成钢丝绳长度增加。如绳股的外层被压缩和拉长的长度大于钢丝绳绳芯被压缩和拉长的长度，这种情况就会再次形成钢丝绳绳股与绳芯间的长度差。

在这两种情况下，滑轮和卷筒均能使松散的外层股移位，并使长度差集中在钢丝绳缠绕系统内某个位置上出现篮形或笼状畸变。

有笼状畸变的钢丝绳应立即报废。

3.5.11.4 绳芯或绳股挤出/扭曲

这一钢丝绳失衡现象表现为外层绳股之间的绳芯（对阻旋转钢丝绳而言则为钢丝绳中心）挤出（隆起），或钢丝绳外层股或绳股有绳芯挤出（隆起）的一种篮形或笼状畸变的特殊型式。

有绳芯或绳股挤出（隆起）或扭曲的钢丝绳应立即报废。

3.5.11.5 钢丝挤出

钢丝挤出是一些钢丝或钢丝束在钢丝绳背对滑轮槽的一侧拱起形成环状的变形。有钢丝挤出的钢丝绳应立即报废。

3.5.11.6 绳径局部增大

钢丝绳直径发生局部增大，并能波及相当长的一段钢丝绳，这种情况通常与绳芯的畸变有关（在特殊环境中，纤维芯由于受潮而膨胀），结果使外层绳股受力不均衡，造成绳股错位。

如果这种情况使钢丝绳实际直径增加5%以上，钢丝绳应立即报废。

3.5.11.7 局部压扁

通过滑轮部分压扁的钢丝绳将会很快损坏，表现为断丝并可能损坏滑轮，如此情况的钢丝绳应立即报废。

位于固定索具中的钢丝绳压扁部位会加速腐蚀，如果继续使用，应按规定的缩短周期对其进行检查。

3.5.11.8 扭结

扭结是由于钢丝绳成环状在不允许绕其轴线转动的情况下被绷紧造成的一种变形。其结果是出现捻距不均而引起过度磨损，严重时钢丝绳将产生扭曲，以致仅存极小的强度。

有扭结的钢丝绳应立即报废。

3.5.11.9 弯折

弯折是由外界影响因素引起的钢丝绳的角度变形。

有严重弯折的钢丝绳类似钢丝绳的局部压扁，应按3.5.11.7的要求处理。

3.5.12 受热或电弧引起的损坏

钢丝绳因异常的热影响作用在外表出现可识别的颜色变化时，应立即报废。

4 钢丝绳的使用情况记录

检验人员准确记录的资料可用于预测在起重机上的特种钢丝绳的使用性能。这些资料在调整维护程序以及调控钢丝绳更换件的库存量方面都是有用的。如果采用这些预测，则不应因此而放松检验或延长本标准前述条款中规定的使用期限。

5 与钢丝绳有关的设备情况

缠绕钢丝绳的卷筒和滑轮应作定期检查，以确保这些部件的正常运转。

不灵活或被卡住的滑轮或导轮急剧且不均衡的磨损，导致配用钢丝绳的严重磨损。滑轮的无效补偿可能会引起钢丝绳缠绕时受力不均匀。

所有滑轮槽底半径应与钢丝绳公称直径相匹配（详见 GB/T 24811.1—2009）。若槽底半径太大或太小，应重新加工绳槽或更换滑轮。

6 钢丝绳检验记录

对于每一次定期或专项检验，检验者应提供与检验有关的数据记录本。典型的检验记录实例见附录 B。

7 钢丝绳的贮存和鉴别

应提供清洁、干燥和无污染的仓库储藏钢丝绳，以避免备用钢丝绳的损坏。

应根据钢丝绳的检验记录提供明确的鉴别方法。

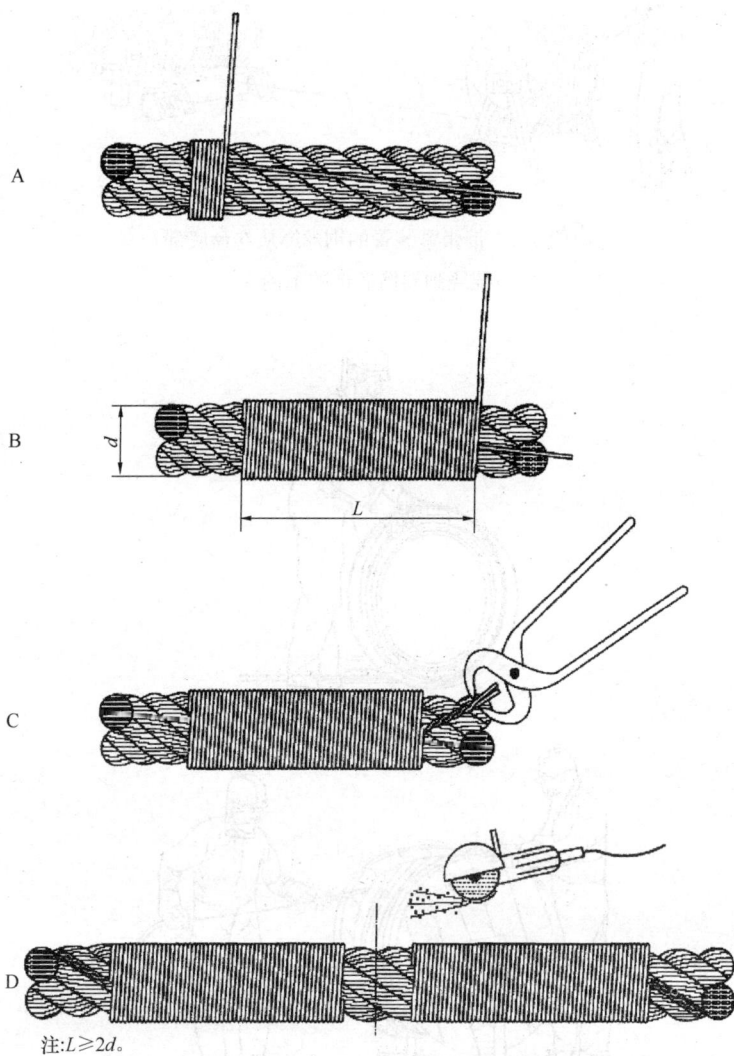

A

B

d

L

C

D

注:$L \geqslant 2d$。

附图 1-1　钢丝绳切断之前的施工准备

附图 1-2　带张紧装置的钢丝绳从卷盘底部
缠绕到卷筒底部的示例

(a)

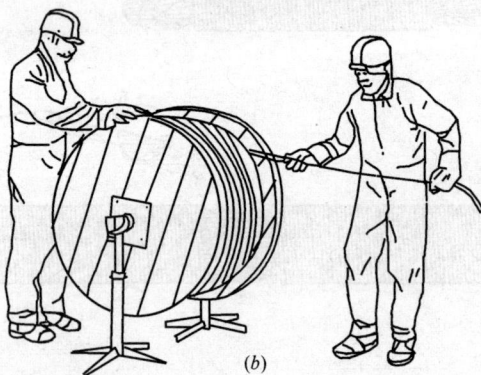

(b)

附图 1-3　解开钢丝绳的正确方法

(a) 从绳卷解开；(b) 从卷盘上解开

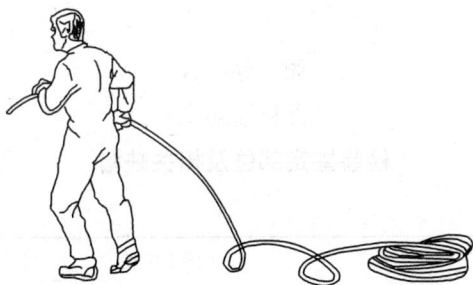

(a)

(b)

(c)

附图 1-4 解开钢丝绳的错误方法

(a) 从绳卷解开；(b)、(c) 从卷盘解开

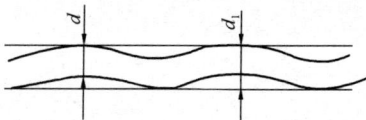

附图 1-5 波浪形

附 录 A

（资料性附录）

检验鉴定部位及相关缺陷

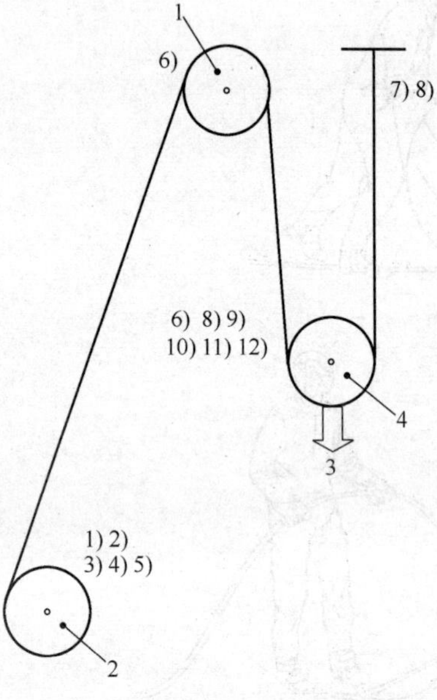

图中位置	检 验 类 别
1)	检查卷筒上钢丝绳的终端
2)	检查由于不当卷绕引起的变形（部分压扁）和在跃层部位可能的严重磨损
3)	检查断丝
4)	检查腐蚀情况
5)	查找突然加载引起的变形
6)	检查绕在滑轮部位钢丝绳的断丝和磨损
7)	固定装置点处；检查断丝和腐蚀；同样地检查补偿滑轮或邻近的钢丝绳区段
8)	查看变形情况
9)	检查钢丝绳直径
10)	仔细检查绕过滑轮组区段的长度，特别是在受载状态时通过滑轮区段的长度
11)	检查断丝和表面磨损
12)	检查腐蚀情况

图中：

1——定滑轮；

2——卷筒；

3——载荷；

4——动滑轮组。

图 A.1 钢丝绳系统检验鉴定部位的示例和相关缺陷

266

附 录 B

（资料性附录）

钢丝绳检验记录的典型示例

B.1 单式记录

起重机情况：＿＿＿＿＿＿		钢丝绳用途：＿＿＿＿＿＿					
钢丝绳详细资料：＿＿＿＿＿＿＿＿＿＿＿＿＿＿＿＿＿＿＿＿＿＿＿							
商标品牌（若已知）：＿＿＿＿＿＿＿＿＿＿＿＿＿＿＿＿＿＿＿＿＿							
公称直径＿＿＿＿ mm							
结构：＿＿＿＿＿＿＿＿＿＿＿＿＿＿＿＿＿＿＿＿＿＿＿＿＿＿＿＿＿							
绳芯[a]：IWRC 独立钢丝绳　FC 纤维（天然或合成织物）　WSC 钢丝股							
钢丝表面[a]：无镀层　　镀锌							
捻制方向和类型[a]：右向：　sZ 交互捻 zZ 同向捻　Z 右捻　左向：sS 同向捻　S 左捻							
允许可见断丝数量：＿＿＿＿＿＿＿（在 6d 长度范围内）＿＿＿＿＿＿＿（在 30d 长度范围内）							
允许的绳径减小量：10％或 3％							
安装日期（年/月/日）：＿＿＿＿＿		报废日期（年/月/日）：＿＿＿＿＿					
可见断丝数		绳径减小		外层钢丝磨损	腐蚀	损坏和变形	钢丝绳的部位	全面评价
所在长度范围		实际直径	比公称直径的减小量					
6d	30d			程度	程度	程度和类型		程度[b]
其他观察值/意见：								
履行日期（周期/小时/天/月/其他）：＿＿＿＿＿＿＿＿＿＿＿＿＿＿＿＿＿＿＿								
检验日期：　　年　月　日　　盖章：＿＿＿＿＿＿　　签名：＿＿＿＿＿＿								
[a] 可用打勾标记。								
[b] 描述损坏的程度如：轻微、中等、严重、非常严重或报废。								

B.2 使用记录

起重机情况	钢丝绳安装日期	钢丝绳详细资料（钢丝绳名称见（GB/T 8706—2006）			
		RCNª	商标名称	绳芯b 钢芯 IWRC 纤维芯 FC 混合芯 WSC	钢丝绳表面状况b	捻制方向及型式b 右向：sZ zZ Z
钢丝绳用途： 钢丝绳终端固定装置：	钢丝绳报废日期	RCNª 钢丝绳公称直径/mm	结构	无镀层 镀锌	左向：zS sS S
		外层钢丝允许断丝数 在6d范围内_____ 在30d范围内_____			绳径允许的减少量 10%或3%

检验日期	可见外部断丝				绳径减小				腐蚀		损坏和变形		累积损坏程度c（备注）
	在以下长度范围的断丝数		钢丝绳的部位	程度	实际绳径	比公称直径的减小量	钢丝绳的部位	程度	钢丝绳的部位	程度ª	钢丝绳的部位	程度c	
	6d	30d											

检验人员的签名和盖章

ª RCN是钢丝绳类型号码（见附表1-1、附表1-2和附录E）。
b 可用打勾表示。
c 损坏程度的表示：20%——轻微；40%——中等；60%——严重；80%——非常严重；100%——报废。

附　录　C

（资料性附录）

钢丝绳的内部检验

C.1　概述

从检验钢丝绳和将其从使用中报废所获得的经验表明，内部损伤是许多钢丝绳失效的首要原因，主要是由于腐蚀和正常疲劳的扩展所致。常规的外部检验可能发现不了内部损坏的程度，甚至到了濒临断裂的危险来临时也是如此。

内部检验应由主管人员进行。

各种股型的钢丝绳均能充分松开并允许对其内部情况作评估，但对粗钢丝绳的评估有困难。然而，配用于起重机的多数钢丝绳在零张力状态下就能进行内部检查。

正如本附录所推荐，钢丝绳的外观检验只能在钢丝绳有限的部位进行；全长检验应考虑采用经批准的无损检测。

C.2　程序

C.2.1　钢丝绳的一般检验

将两个适当尺寸的夹钳以一定的间隔距离牢固地夹到钢丝绳上，朝着与钢丝绳捻向相反的方向对夹钳施加一个力，外层的绳股就会散开并脱离绳芯［见图 C.1（a）］。

在打开过程中要特别注意不要使夹钳绕钢丝绳外围打滑，各绳股的位移也不宜太大。

当钢丝绳稍微拧开的时候，可用一个小试探物，例如一把螺丝刀清除可能妨碍钢丝绳的内部观测的油脂或碎片。

应观测下列各项：

——内部润滑状态；

——腐蚀程度；

——由于挤压或磨损引起的钢丝损坏的痕迹；

——有无断丝（这些不一定容易发现）。

检验之后，在拧开部位放入一些维修油膏，以适度的力量转动夹钳，确保绳股在绳芯周围准确复位。

移去夹钳并在钢丝绳外表面涂以润滑脂。

C.2.2　对邻近绳端的钢丝绳段的检验

检查钢丝绳的这些部位，只要使用单个夹钳就足够了。因用接头锚固装置或用销轴适当地穿过绳端尾部就能保证第二端不动〔见图 C.1（b）〕。实施检验按 C.2.1。

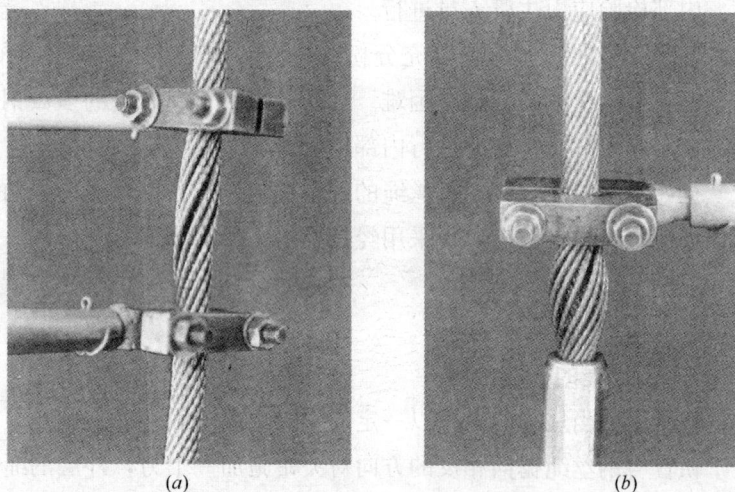

图 C.1　内部检验

(a)钢丝绳的连续绳段(零张力)；(b)紧靠终端固定装置的钢丝绳绳端(零张力)

C.3　应检验的部位

由于对钢丝绳全长都作内部检验是不切实际的，所以应选择适当的绳段进行检验。

对于缠绕在卷筒或绕过滑轮或导轮的钢丝绳，建议在起重机处于承载状态时检验与滑轮绳槽啮合的绳段。应检验冲击力集中的那些局部区域（即靠近卷筒和臂架导向滑轮的区域），特别是长期暴露在露天中的那些绳段。

应注意靠近绳端的区域，特别重要的是固定钢丝绳的情况，例如支持绳或悬挂绳。

附 录 D

（资料性附录）

钢丝绳可能出现的缺陷

表 D.1 列出了钢丝绳可能出现的缺陷以及相应的报废标准。图 D.1～图 D.20 展示了每种缺陷的典型示例。

可能出现的缺陷和相应的报废标准   表 D.1

缺陷照片号	缺 陷	对应本标准的章条
D.1	钢丝挤出	3.5.11.5
D.2	单层股钢丝绳绳芯挤出	3.5.11.4
D.3	钢丝绳直径局部减小（绳股凹陷）	3.5.7
D.4	绳股挤出/扭曲	3.5.11.4
D.5	局部压扁	3.5.11.7
D.6	扭结（正向）	3.5.11.8
D.7	扭结（逆向）	3.5.11.8
D.8	波浪形	3.5.11.2
D.9	笼状畸变	3.5.11.3
D.10	外部磨损	3.5.8
D.11	外部磨损放大图	3.5.8
D.12	外部腐蚀	3.5.10.2
D.13	外部腐蚀放大图	3.5.10.2
D.14	表面断丝	3.5.2
D.15	谷部断丝	3.5.2
D.16	阻旋转钢丝绳内部的绳股突出	3.5.11.4
D.17	由于绳芯扭曲变形使局部的钢丝绳直径增大	3.5.11.6
D.18	扭结	3.5.11.8
D.19	局部压扁	3.5.11.7
D.20	内部腐蚀	3.5.10.3

图 D.1　钢丝挤出

图 D.2　单层股钢丝绳绳芯挤出

图 D.3　钢丝绳直径局部减小（绳股凹陷）

图 D.4　绳股挤出/扭曲

图 D.5　局部压扁

图 D.6　扭结（正向）

图 D.7 扭结（逆向）

图 D.8 波浪形

图 D.9 笼状畸变

图 D. 10　外部磨损

图 D. 11　外部磨损放大图

图 D. 12　外部腐蚀

图 D. 13 外部腐蚀放大图

图 D. 14 表面断丝

图 D.15 谷部断丝

图 D.16 阻旋转钢丝绳内部的绳股突出

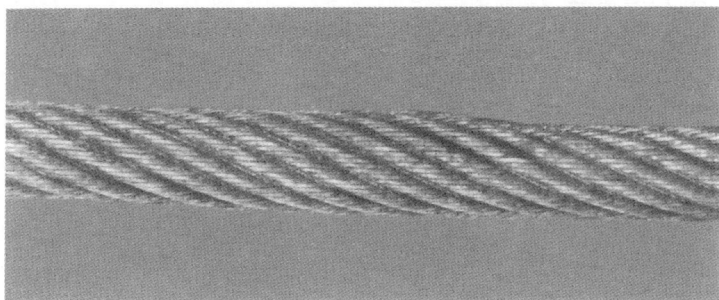

图 D.17　由于绳芯扭曲变形使局部的钢丝绳直径增大

图 D.18　扭结

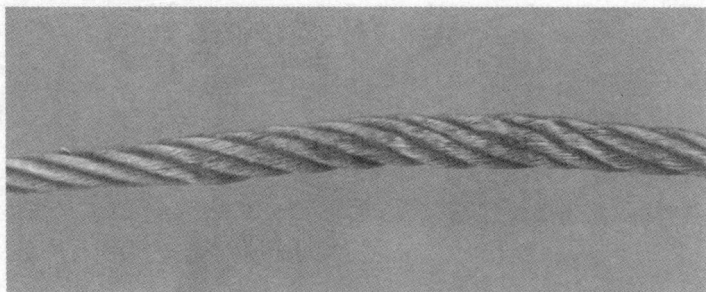

图 D. 19 局部压扁

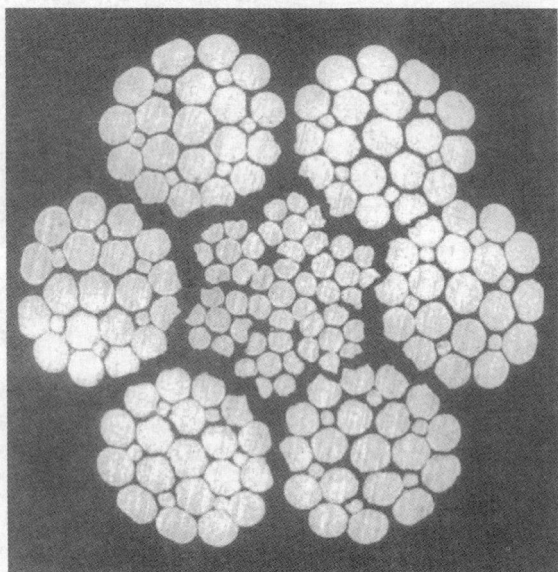

图 D. 20 内部腐蚀

附 录 E

（资料性附录）

钢丝绳横截面示例及相应的种类编号（RCN）

结构：6×7-FC 单层股钢丝绳 RCN. 01	结构：6×19S-IWRC 单层股钢丝绳 RCN. 02
结构：6×19M-WSC 单层股钢丝绳 RCN. 04	结构：6×25F-IWRC 单层股钢丝绳 RCN. 04
结构：6×25TS-IWRC 单层股钢丝绳 RCN. 04	结构：6×36WS-IWRC 单层股钢丝绳 RCN. 09

结构：6×41WS-IWRC

单层股钢丝绳

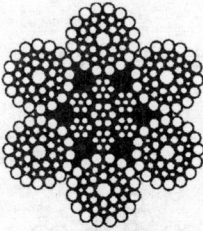

RCN. 11

结构：6×37M-IWRC　单层股钢丝绳

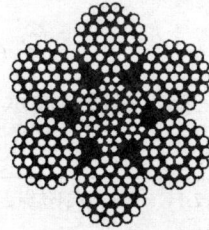

RCN. 10

结构：8×19S-IWRC　单层股钢丝绳

RCN. 04

结构：8×25F-IWRC　单层股钢丝绳

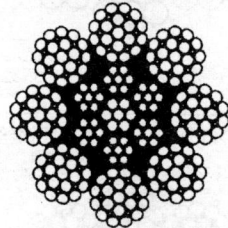

RCN. 06

结构：8×19S-PWRC

平行捻密实钢丝绳

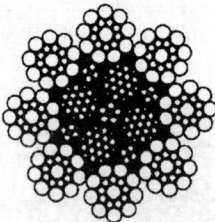

RCN. 04

结构：8×K26WS-IWRC

单层压实股钢丝绳

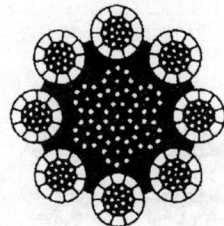

RCN. 09

	结构：4×K26WS
	单层/阻旋转压实股钢丝绳
	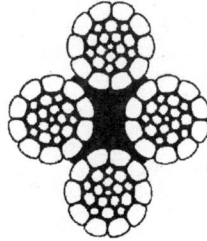
	RCN. 22

结构：6×K26WS-IWRC

单层压实股钢丝绳

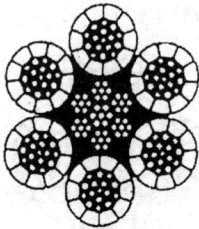

RCN. 06

结构：6×K36WS-IWRC

单层压实股钢丝绳

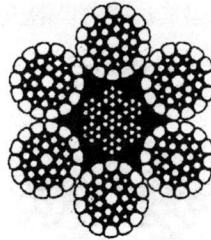

RCN. 09

结构：8×K26WS-PWRC

平行捻密实压实股钢丝绳

RCN. 09

结构：8×K19S-WSC 或 19×K19S

阻旋转压实股钢丝绳

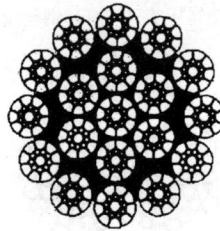

RCN. 23

283

	结构：4×K29F
	单层股钢丝绳/阻旋转钢丝绳
	RCN.21

结构：K3×40	结构：K4×40
单层压实（锻打）钢丝绳/	单层压实（锻打）钢丝绳/
阻旋转压实（锻打）钢丝绳	阻旋转压实（锻打）钢丝绳
RCN.22	RCN.22

结构：K3×48	结构：K4×48
单层压实（锻打）钢丝绳/	单层压实（锻打）钢丝绳/
阻旋转压实（锻打）钢丝绳	阻旋转压实（锻打）钢丝绳
RCN.22	RCN.22

284

结构：17×7-FC

阻旋转钢丝绳

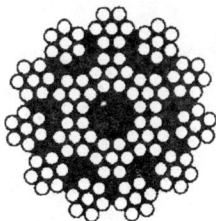

RCN.23

结构：18×7-WSC 或 19×7

阻旋转钢丝绳

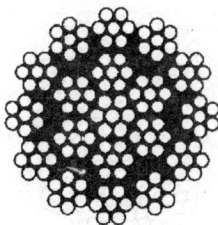

RCN.23

结构：34（W）×7-WSC 或 35（W）×7

阻旋转钢丝绳

RCN.23

结构：12×P6∶3×Q24

阻旋转钢丝绳（典型）

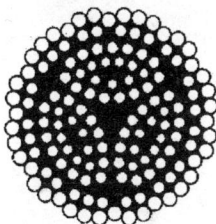

RCN.23

结构：39（W）×7-WSC

阻旋转钢丝绳

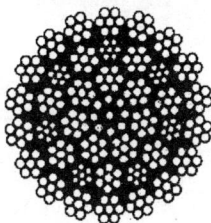

RCN.23

结构：34（W）×K7-WSC

阻旋转压实股钢丝绳

RCN.23

结构：39（W）×K7-KWSC

阻旋转压实股钢丝绳

RCN. 23

附录2　附着式升降脚手架验收表❶

附着式升降脚手架首次安装完毕及使用前检查验收表　　附表2-1

工程名称			结构形式	
建筑面积			机位布置情况	
总包单位			项目经理	
租赁单位			项目经理	
安拆单位			项目经理	

序号	检查项目		标　　准	检查结果
1	保证项目	竖向主框架	各杆件的轴线应汇交于节点处，并采用螺栓或焊接连接，如不交汇于一点，应进行附加弯矩验算	
2			各节点应焊接或螺栓连接	
3			相邻竖向主框架的高差≤30mm	
4		水平支承桁架	桁架上、下弦应采用整根通长杆件，或设置刚性接头，腹杆上、下弦连接应采用焊接或螺栓连接	
5			桁架各杆件的轴线应相交于节点上，并宜用节点板构造连接，节点板的厚度不得小于6mm	
6		架体构造	空间几何不可变体系的稳定结构	
7		立杆支承位置	架体构架的立杆底端应放置在上弦节点各轴线的交汇处	
8		立杆间距	应符合现行行业标准《建筑施工扣件式钢管脚手架安全技术规范》JGJ 130中小于等于1.5m的要求	
9		纵向水平杆的步距	应符合现行行业标准《建筑施工扣件式钢管脚手架安全技术规范》JGJ 130中小于等于1.8m的要求	
10		剪刀撑设置	水平夹角应满足45°～60°	

---

❶　本附录表参照《建筑施工工具式脚手架安全技术规范》（JGJ 202—2010）、《液压升降整体脚手架安全技术规程》（JGJ 183—2009）制定。

序号	检查项目		标　　准	检查结果
11		脚手板设置	架体底部铺设严密，与墙体无间隙，操作层脚手板应铺满、铺牢，孔洞直径小于25mm	
12		扣件拧紧力矩	40~65N·m	
13	保证项目	附墙支座	每个竖向主框架所覆盖的每一楼层处应设置一道附墙支座	
14			使用工况，应将竖向主框架固定于附墙支座上	
15			升降工况，附墙支座上应设有防倾、导向的结构装置	
16			附墙支座应采用锚固螺栓与建筑物连接，受拉螺栓的螺母不得少于两个或采用单螺母加弹簧垫圈	
17			附墙支座支承在建筑物上连接处混凝土的强度应按设计要求确定，但不得小于C10	
18		架体构造尺寸	架高≤5倍层高	
19			架宽≤1.2m	
20			架体全高×支承跨度≤110m²	
21			支承跨度直线形≤7m	
22			支承跨度折线或曲线形架体，相邻两主框架支承点处的架体外侧距离≤5.4m	
23			水平悬挑长度不大于2m，且不大于跨度的1/2	
24			升降工况上端悬臂高度不大于2/5架体高度且不大于6m	
25			水平悬挑端以竖向主框架为中心对称斜拉杆水平夹角 ≥45°	
26		防坠落装置	防坠落装置应设置在竖向主框架处并附着在建筑结构上	
27			每一升降点不得少于一个，在使用和升降工况下都能起作用	
28			防坠落装置与升降设备应分别独立固定在建筑结构上	
29			应具有防尘防污染的措施，并应灵敏可靠和运转自如	

序号	检查项目		标　　　准	检查结果
30	保证项目	防坠落装置	钢吊杆式防坠落装置，钢吊杆规格应由计算确定，且不应小于 φ25mm	
31			防倾覆装置中应包括导轨和两个以上与导轨连接的可滑动的导向件	
32		防倾覆设置情况	在防倾导向件的范围内应设置防倾覆导轨，且应与竖向主框架可靠连接	
33			在升降和使用两种工况下，最上和最下两个导向件之间的最小间距不得小于 2.8m 或架体高度的 1/4	
34			应具有防止竖向主框架倾斜的功能	
35			应用螺栓与附墙支座连接，其装置与导轨之间的间隙应小于 5mm	
36		同步装置设置情况	连续式水平支承桁架，应采用限制荷载自控系统	
37			简支静定水平支承桁架，应采用水平高差同步自控系统，若设备受限时可选择限制荷载自控系统	
38	一般项目	防护设施	密目式安全立网规格型号 ≥2000 目/100cm², ≥3kg/张	
39			防护栏杆高度为 1.2m	
40			挡脚板高度为 180mm	
41			架体底层脚手板铺设严密，与墙体无间隙	

检查结论				

检查人签字	总包单位	分包单位	租赁单位	安拆单位

符合要求，同意使用（　　　　）
不符合要求，不同意使用（　　　　）

总监理工程师（签字）：

　　　　　　　　　　　　　　　　　　　年　　月　　日

注：本表由施工单位填报，监理单位、施工单位、租赁单位、安拆单位各存一份。

工程名称		结构形式	
建筑面积		机位布置情况	
总包单位		安拆单位	
监理单位		验收日期	

序号	检 查 项 目	标　准	检查结果
1★	相邻竖向主框架的高差	≤30mm	
2★	竖向主框架及导轨的垂直度偏差	≤0.5%且≤60mm	
3★	预埋穿墙螺栓孔或预埋件中心的误差	≤15mm	
4★	架体底部脚手板与墙体间隙	≤50mm	
5	节点板厚度	≥6mm	
6	剪刀撑斜杆与地面的夹角	45°～60°	
7★	操作层脚手板应铺满、铺牢，孔洞直径	≤25mm	
8★	连接螺栓的拧紧力矩	40～65N·m	
9★	防松措施	双螺母	
10	附着支承在建（构）筑物上连接处的混凝土强度	≥C10	
11	架体全高	≤5 倍楼层高度	
12	架体宽度	≤1.2m	
13	架体全高×支承跨度	≤110m²	
14	支承跨度直线形	≤8m	
15	支承跨度折线型或曲线形	≤5.4m	
16	水平悬挑长度	≤2m 且≤1/2 跨度	
17	使用工况上端悬臂高度	≤2/5 架体高度且≤6m	
18	防坠落装置制动距离	≤80mm	
19★	在竖向主框架位置的最上附着支承和最下附着支承之间的间距	≥5.6mm	
20	垫板尺寸	≥100mm×100mm×10mm	

序号	检 查 项 目	标　　准	检查结果
21★	防倾覆装置与导轨之间的间隙	≤8mm	
22	液压升降装置承受额定荷载 48h 滑移量	≤1mm	
23	液压升降装置施压 20MPa，保压 15min	无异常	
24	液压升降装置锁紧力，上、下锁紧油缸在 8MPa 压力承载工况下	锁紧不滑移	
25	承受荷载，液压系统失压 36h	载物不滑移	
26	额定工作压力下，保压 30min，所有的管路接头	滴漏≤3 滴油	
27	防护栏杆	在 0.6m 和 1.2m 两道	
28	挡脚板高度	≥180mm	
29	顶层防护栏杆高度	≥1.5m	
检查结论			

检查人签字	总包单位项目经理	安拆单位负责人	安全员	机械管理员

符合要求，同意使用（　　　）　　　　　　　　不符合要求，不同意使用（　　　）

总监理工程师（签字）：

年　月　日

注：1. 本表由安拆单位填报，总包单位、安拆单位、监理单位各存一份。

　　2. 本表带★检查项目为每月检查内容。

附着式升降脚手架提升、下降作业前检查验收表　　附表 2-3

工程名称		结构形式	
建筑面积		机位布置情况	
总包单位		项目经理	
租赁单位		项目经理	
安拆单位		项目经理	

序号	检查项目		标　准	检查结果
1	保证项目	支承结构与工程结构连接处混凝土强度	达到专项方案计算值，且≥C10	
2		附墙支座设置情况	每个竖向主框架所覆盖的每一楼层处应设置一道附墙支座	
3			附墙支座上应设有完整的防坠、防倾、导向装置	
4		升降装置设置情况	单跨升降式可采用手动葫芦，整体升降式应采用电动葫芦或液压设备；应启动灵敏，运转可靠，旋转方向正确，控制柜工作正常，功能齐备	
5		防坠落装置设置情况	防坠落装置应设置在竖向主框架处并附着在建筑结构上	
6			每一升降点不得少于一个，在使用和升降工况下都能起作用	
7			防坠落装置与升降设备应分别独立固定在建筑结构上	
8			应具有防尘防污染的措施，并应灵敏可靠和运转自如	
9			设置方法及部位正确，灵敏可靠，不应人为失效和减少	
10			钢吊杆式防坠落装置，钢吊杆规格应由计算确定，且不应小于 $\phi25mm$	
11		防倾覆装置设置情况	防倾覆装置中应包括导轨和两个以上与导轨连接的可滑动的导向件	

292

序号		检查项目	标　准	检查结果
12	保证项目	防倾覆装置设置情况	在防倾导向件的范围内应设置防倾覆导轨，且应与竖向主框架可靠连接	
13			在升降和使用两种工况下，最上和最下两个导向件之间的最小间距不得小于2.8m或架体高度的1/4	
14		建筑物的障碍物清理情况	无障碍物阻碍外架的正常滑升	
15		架体结构上的连墙杆	应全部拆除	
16		塔吊或施工电梯附墙装置	符合专项施工方案的规定	
17		专项施工方案	符合专项施工方案的规定	
18	一般项目	操作人员	经过安全技术交底并持证上岗	
19		运行指挥人员、通信设备	人员已到位，设备工作正常	
20		监督检查人员	总包单位和监理单位人员已到场	
21		电缆线路、开关箱	符合现行行业标准《施工现场临时用电安全技术规范》JGJ 46中的对线路负荷计算的要求；设置专用的开关箱	

检查结论				
检查人签字	总包单位	分包单位	租赁单位	安拆单位

符合要求，同意使用（　　）
不符合要求，不同意使用（　　）

　　总监理工程师（签字）：

　　　　　　　　　　　　　　　　　　　　年　月　日

注：本表由施工单位填报，监理单位、施工单位、租赁单位、安拆单位各存一份

液压升降整体脚手架升降前准备工作检查表　　附表 2-4

工程名称		升降层次	
建筑面积		机位布置情况	
总包单位		安拆单位	
监理单位		日期	

序号	检 查 项 目	标 准	检查结果
1	安装最上附着支承处结构混凝土强度	≥C10	
2	液压动力系统控制柜	设置在楼层上	
3	防坠吊杆与建筑结构连接	可靠	
4	防坠落装置工作状态	正常	
5	在竖向主框架位置的最上附着支承和最下附着支承之间的间距	≥2.8m 或≥1/4 架体高度	
6	防倾覆装置与导轨之间的间隙	≤8mm	
7	架体的垂直度偏差	≤0.5％架体全高且≤60mm	
8	额定荷载超过 30％时	报警停机	
9	额定荷载失载 70％时	报警停机	
10	升降行程范围	无伸出墙面外的障碍物	
11	专业操作人员	持证上岗	
12	垂直立面与地面	进行警戒	
13	架体上	无杂物及人员	
检查结论			

检查人签字	安拆单位负责人	安全员	机械管理员	

符合要求，同意使用（　　　）　　　　　　　不符合要求，不同意使用（　　　）

项目经理（签字）：

年　月　日

注：本表由安拆单位填报，监理单位、施工单位、租赁单位、安拆单位各存一份。

液压升降整体脚手架升降后使用前安全检查表　附表 2-5

工程名称		结构层次	
建筑面积		机位布置情况	
总包单位		安拆单位	
监理单位		日期	

序号	检 查 项 目	标 准	检查结果
1	整体脚手架的垂直荷载	建筑物受力	
2	液压升降装置	非工作状态	
3	防坠落装置	工作状态	
4	最上一道防倾覆装置	可靠牢固	
5	架体底层脚手板与墙体间隙	≤50mm	
6	在竖向主框架位置的最上附着支承和最下附着支承之间的间距	≥5.6m 或≥1/2架体高度	
检查结论			

检查人签字	安拆单位负责人	安全员	机械管理员	

符合要求，同意使用（　　）	不符合要求，不同意使用（　　）

项目经理（签字）：

年　　月　　日

注：本表由安拆单位填报，监理单位、施工单位、租赁单位、安拆单位各存一份。

295

附录3 建筑架子工（附着升降脚手架）安全技术考核大纲（试行）

1 安全技术理论

1.1 安全生产基本知识

1.1.1 了解建筑安全生产法律法规和规章制度

1.1.2 熟悉有关特种作业人员的管理制度

1.1.3 掌握从业人员的权利义务和法律责任

1.1.4 熟悉高处作业安全知识

1.1.5 掌握安全防护用品的使用

1.1.6 熟悉安全标志、安全色的基本知识

1.1.7 了解施工现场消防知识

1.1.8 了解现场急救知识

1.1.9 熟悉施工现场安全用电基本知识

1.2 专业基础知识

1.2.1 熟悉力学基本知识

1.2.2 了解电工基础知识

1.2.3 了解机械基础知识

1.2.4 了解液压基础知识

1.2.5 了解钢结构基础知识

1.2.6 了解起重吊装基本知识

1.3 专业技术理论

1.3.1 了解附着升降脚手架专项施工方案的主要内容

1.3.2 熟悉脚手架的种类、形式

1.3.3 熟悉附着升降脚手架的类型和结构

1.3.4 熟悉各种类型附着升降脚手架基本构造、工作原理和基

本技术参数

1.3.5 掌握各种附着升降脚手架安全装置的构造、工作原理

1.3.6 掌握附着升降脚手架的搭设、拆卸、升降作业安全操作规程

1.3.7 熟悉升降机构及控制柜的工作原理

1.3.8 掌握附着升降脚手架升降机构及安全装置的维护保养及调试

1.3.9 熟悉附着升降脚手架的验收内容和方法

1.3.10 了解附着升降脚手架常见事故原因及处置方法

2 安全操作技能

2.1 掌握附着升降脚手架的搭设、拆除方法

2.2 掌握附着升降脚手架提升和下降及提升和下降前、后操作内容、方法

2.3 掌握附着升降脚手架提升和下降过程中的监控方法

2.4 掌握附着升降脚手架升降机构及安全装置常见故障判断及处置方法

2.5 掌握附着升降脚手架架体的防护和加固方法

2.6 掌握紧急情况处置方法

附录4 建筑架子工（附着升降脚手架）安全操作技能考核标准（试行）

1 附着升降脚手架现场安装、升降作业

1.1 考核场地、设施

1.1.1 具备搭设附着升降脚手架条件的场地；

1.1.2 具备搭设附着升降脚手架条件的建筑物或构筑物。

1.2 考核料具

1.2.1 钢管：规格 $\phi48\times3.5$，长度 6m、5m、4m、3m、2m、1.2m 若干（其中包含不合格品）；

1.2.2 扣件：直角扣件、旋转扣件、对接扣件、防滑扣件若干（其中包含不合格品）；

1.2.3 设备：三套升降机构（动力设备为电动葫芦）、便携式控制箱；

1.2.4 水平梁（桁）架、竖向主框架及配件；

1.2.5 方木、脚手板、挡脚板、密目式安全网、安全平网、系绳、钢丝若干；

1.2.6 工具：钢卷尺、扳手、小钢锯、水平尺、线锤、钢丝钳、计时器等；

1.2.7 个人安全防护用品。

1.3 考核方法

A. 三套升降机构的附着升降脚手架安装

　　每次 3 组、每 4 位考生一组，3 组共同按照附图 4-1 搭设包含带转角、三套升降机构的附着升降脚手架。上部为扣件式钢管脚手架，长 8 跨、高 2～5 步。

B. 升降作业

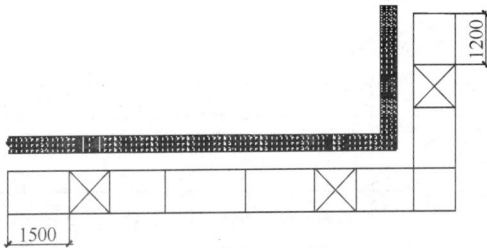

附图 4-1　架体搭设平面布置示意图

每次 3 组、每 4 位考生一组，每组负责一个机位，操作三套升降机构的升降作业。

1.4 考核时间：100min。具体可根据实际考核情况调整。

1.5 考核评分标准

A. 三套升降机构的附着升降脚手架安装

满分 80 分，考核评分标准见附表 4-1。第 1～12 项为集体考核项目，考核得分即为每个人得分；第 13 项为个人考核项目。各项目所扣分数总和不得超过该项应得分值。

考核评分标准　　　　　　附表 4-1

序号	项　目	扣　分　标　准	应得分值
1	材料选用	使用不合格的钢管、扣件的，每件扣 2 分	4
2	水平梁（桁）架、竖向主框架安装	水平梁（桁）架及竖向主框架在两相邻附着支承结构处的高差超过规定值的，每处扣 2 分。竖向主框架和防倾装置的垂直偏差超过规定值的，每处扣 2 分；使用扣件连接的，每处扣 2 分	8
3	杆件间距	杆件间距尺寸偏差超过规定值的，每处扣 2 分	4
4	水平杆	纵向水平杆间距尺寸偏差超过规定值的，每处扣 1 分；设置不正确的，每处扣 2 分。未设置横向水平杆的，每处扣 2 分；设置不正确的，每处扣 1 分	4

序号	项　目	扣　分　标　准	应得分值
5	立杆	立杆垂直度偏差超过规定值的，每处扣 2 分；连接不正确的，每处扣 2 分	4
6	操作层防护	未设置挡脚板的，扣 4 分；设置不正确的，每处扣 2 分。未设置防护栏杆的，扣 4 分；设置不正确的，每处扣 2 分。未设置脚手板的，扣 8 分；未满铺的，扣 2~6 分。未按规定进行对接或搭接的，每处扣 2 分；出现探头板的，扣 8 分	8
7	扣件拧紧扭力矩	随机抽查 4 个扣件的拧紧扭力矩，不符合要求的，每处扣 2 分	4
8	安全网	未设置首层平网、作业层平网和密目式安全网的，每项扣 4 分；设置不符合要求的，每处扣 2 分	8
9	附着支承结构安装	穿墙螺杆松动、双螺母缺失的，每处扣 4 分。未设置垫板的，每处扣 4 分；垫板不符合要求的，每处扣 2 分	8
10	电动葫芦及连接件的安装	电动葫芦安装不牢固、传动部分不灵活，每处扣 2 分。连接件缺损的，扣 4 分；使用非标准连接件的，扣 4 分；安装不牢固的，扣 4 分	12
11	防倾装置安装	防倾导轨（座）变形、导轮缺损的，每处扣 2 分；防倾导轨（座）、导轮安装不牢的，每处扣 2 分	4
12	防坠装置调试	调试不到位、动作不可靠的，每处扣 4 分	8
13	个人安全防护用品使用	未戴安全帽的，扣 4 分；佩戴不正确的，扣 2 分。高处悬空作业未系安全带的，扣 4 分；系挂不正确的扣 2 分	4
合　　计			80

B. 升降作业

满分 80 分，考核评分标准见附表 4-2。第 1～13 项为集体考核项目，考核得分即为每个人得分；第 14 项为个人考核项目。各项目所扣分数总和不得超过该项应得分值。

考核评分标准　　　　　　　　　　　　　　　　附表 4-2

序号	项目	扣分标准	应得分值
1	连墙构件安装、检查	穿墙螺杆固定不牢、缺失螺母的，每处扣 4 分；未设置垫板的，每处扣 4 分；垫板不符合要求的，每处扣 2 分	8
2	电动葫芦及连接件的安装	电动葫芦传动不灵，各个电动葫芦预紧张力不均，环链绞结的，每处扣 4 分。连接件固定不牢、受力不均的，每处扣 2 分；使用非标准连接件的，每处扣 2 分	10
3	供、用电线路检查	未对供、用电线路检查的，扣 4 分；电缆缠绕，绑扎不牢的，每处扣 2 分	4
4	防倾装置检查	防倾导轨（座）固定不牢、导轮有破损的，每处扣 3 分	6
5	防坠装置调试	未进行调试复位的，每处扣 4 分	8
6	障碍物清理	未对妨碍升降的障碍物进行清理的，每处扣 2 分	4
7	相邻提升点间的高差	相邻提升点间的高差调整达不到标准要求的，扣 4 分	4
8	架体垂直度	架体垂直度调整达不到标准要求的，扣 4 分	4
9	架体与墙体距离	架体与墙体距离调整达不到标准要求的，扣 4 分	4

（序号 1～6 属"升降前作业"，序号 7～9 属"升降作业"）

序号	项 目		扣分标准	应得分值
10	升降后作业	防坠装置锁定	电动葫芦卸载前，防坠装置未可靠锁定的，每处扣4分	8
11		防倾装置检查	防倾导轨（座）固定不牢、导轮有破损的，每处扣3分	6
12		架体加固	未按标准要求设置架体与墙体间硬拉结的，每少一处扣3分	6
13		架体与墙体间防护	架体与墙体间的封闭未恢复的，扣4分；封闭不严的，每处扣2分	4
14		个人安全防护用品使用	未戴安全帽的，扣4分；佩戴不正确的，扣2分。高处悬空作业时未系安全带的，扣4分；系挂不正确的，扣2分	4
		合　　计		80

说明：

1. 本考题分 A、B 两个题，即附着升降脚手架安装和升降作业，在考核时可任选一题。
2. 本考题也可采用液压等其他动力升降形式的附着升降脚手架，考核项目和考核评分标准由各地自行拟定。
3. 考核过程中，现场应设置2名以上的考评人员。

2　故障识别判断

2.1　考核器具

2.1.1　设置电动葫芦卡链、防倾装置出轨等故障；

2.1.2　其他器具：计时器1个。

2.2　考核方法

由考生识别判断电动葫芦卡链、防倾装置出轨等故障（对每个考生只设置二个）。

2.3　考核时间：15min。

2.4　考核评分标准

满分 10 分。在规定时间内正确识别判断的，每项得 5 分。

3 紧急情况处置

3.1 考核器具

3.1.1 设置相邻机位不同步、突然断电等紧急情况或图示、影像资料；

3.1.2 其他器具：计时器 1 个。

3.2 考核方法

由考生对相邻机位不同步、突然断电等紧急情况或图示、影像资料中所示的紧急情况进行描述，并口述处置方法。对每个考生设置一种。

3.3 考核时间：10min。

3.4 考核评分标准

满分 10 分。在规定时间内对存在的问题描述正确并正确叙述处置方法的，得 10 分；对存在的问题描述正确，但未能正确叙述处置方法的，得 5 分。

参 考 文 献

1. 行业标准. 建筑施工扣件式钢管脚手架安全技术规范(JGJ 130—2011)[S]. 北京：中国建筑工业出版社，2011.

2. 行业标准. 建筑施工工具式脚手架安全技术规范(JGJ 202—2010)[S]. 北京：中国建筑工业出版社，2010.

3. 行业标准. 液压升降整体脚手架安全技术规程(JGJ 183—2009)[S]. 北京：中国建筑工业出版社，2009.

4. 建筑施工手册编写组. 建筑施工手册(第四版)[H]. 北京：中国建筑工业出版社，2004.

5. 杜荣军. 建筑施工脚手架实用手册(含垂直运输设施)[H]. 北京：中国建筑工业出版社，1994.